遇见海洋

奇趣
海洋生物

武鹏程 编著

海洋出版社

北京·2025

图书在版编目（CIP）数据

遇见海洋. 奇趣海洋生物 / 武鹏程编著. -- 北京 : 海洋出版社，2023.9
ISBN 978-7-5210-1200-2

Ⅰ. ①遇… Ⅱ. ①武… Ⅲ. ①海洋—普及读物 ②海洋生物—普及读物 Ⅳ. ① P7-49 ② Q178.53-49

中国版本图书馆 CIP 数据核字（2023）第 224088 号

奇趣 海洋生物

QIQU HAIYANG SHENGWU

总 策 划：刘 斌		发 行 部：(010) 62100090		
责任编辑：刘 斌		总 编 室：(010) 62100034		
责任印制：安 淼		网 址：www.oceanpress.com.cn		
排 版：海洋计算机图书输出中心 晓阳		承 印：侨友印刷（河北）有限公司		
出版发行：海洋出版社		版 次：2023 年 9 月第 1 版		
地 址：北京市海淀区大慧寺路 8 号		2025 年 1 月第 2 次印刷		
100081		开 本：787mm×1092mm 1/16		
经 销：新华书店		印 张：8		
技术支持：(010) 62100055		字 数：150 千字		
		定 价：48.00 元		

本书如有印、装质量问题可与发行部调换

前 言

　　海洋中有许多神奇的生物，有的长相怪异，有的有独特的生存技能，有的和别的生物形成寄生、共生关系，有的有非常奇妙的爱情故事，有的已经濒危或灭绝，还有的本身就具有一些故事性，它们共同构成了一个奇趣的海洋世界。

　　你知道吗，一条小小的鲱鱼，竟然是荷兰崛起的黄金密码；七鳃鳗，让一位英国国王暴毙；一角鲸成了西方人眼中的独角兽，它的长牙被制成象征王权的权杖。还有形成迁徙潮的圣诞岛红蟹、生活在热带小镇的开普企鹅等。

　　海洋中的很多生物之间还有独特的感情故事，如被誉为"母爱之鱼"的大马哈鱼，在孕育出幼鱼后，自己就会死亡，成为幼鱼的食物，使幼鱼能健康成长；还有"是男是女随心所欲"的小丑鱼、"一天变性可达20多次"的垩鲉、象征忠贞爱情的偕老同穴，它们无不有令人惊讶的爱情故事。

　　火体虫、荧光乌贼、大王乌贼、聪明关公蟹、翻车鱼等则具有独特的生存技能，在海洋中生活时游刃自如。

　　皇带鱼、桶眼鱼、无脸鳕鳗、水滴鱼、开口鲨、剑吻鲨、吸血鬼乌贼、杀人蟹、石头鱼和银鲛则长相怪异；而枪虾、隐鱼、向导鱼、缩头鱼虱则是著名的寄生或共生生物。

　　海洋中还有许多有名的濒危或灭绝生物，如因生存环境被破坏而灭绝的渡渡鸟、因人类的贪婪而灭绝的大海雀，日益变得稀少的儒艮、矛尾鱼等，它们背后的故事则显得沉重与血腥。

本书介绍的这些海洋生物背后都有或有趣、或悲伤、或沉重、或令人惊讶的故事，它们或是为了纪念某个人，或是为了记住某件事，让人们情不自禁地想去了解它们，进而了解海洋，认识海洋，提高海洋意识。

目　录

有故事的海洋生物

鲱鱼——荷兰崛起的黄金密码 /1
北极鳕鱼——一条有故事的鱼 /4
七鳃鳗——美味的古老珍馐 /9
一角鲸——价格不菲的海洋独角兽 /12
开普企鹅——生活在热带小镇的企鹅 /15
达尔文雀——并不是达尔文的最爱 /18
圣诞岛红蟹——令人叹为观止的大迁徙 /22

濒危和灭绝的海洋生物

大海雀——北极长得像企鹅的鸟 /26
渡渡鸟——恐龙之外最著名的灭绝动物 /30
儒艮——海洋中的美人鱼 /33
矛尾鱼——地球上最古老的居民之一 /36

独特的感情故事

小丑鱼 —— 是男是女随心所欲 /40
垩鲭 —— 一天变性可达20多次 /43
石斑鱼 —— 雌雄同体，却少有雄鱼 /45
河豚 —— 神秘而精美的海底麦田圈 /48
阿德利企鹅 —— 酷爱石头的恶棍 /53
大马哈鱼 —— 母爱之鱼 /56
偕老同穴 —— 象征忠贞爱情的海洋生物 /60
鮟鱇 —— 最恐怖的"软饭硬吃" /63
比目鱼 —— 被深深误解的"爱情鱼" /68

独特的生存技能

火体虫 —— 由成千个单独个体组成 /72
荧光乌贼 —— 浪漫的荧光海滩制造者 /74
大王乌贼 —— 深海中的恐怖巨兽 /76
䲁鱼 —— 体色艳丽的伪装大师 /79
聪明关公蟹 —— 驾驭树叶过江 /82
翻车鱼 —— 形状最奇特的硬骨鱼 /85

独特的长相

皇带鱼 —— 深海白龙王 /90
桶眼鱼 —— 头部完全透明的鱼 /94
无脸鳕鳗 —— 这个家伙有点丑 /96
水滴鱼 —— 全世界表情最忧伤的鱼 /98
开口鲨 —— 外形怪异的"活化石" /100
剑吻鲨 —— 头顶独角的深海精灵 /102
吸血鬼乌贼 —— 深海幽灵 /104
杀人蟹 —— 并不杀人的杀人蟹 /107
银鲛 —— 用电感受海洋变化 /110
石头鱼 —— 世界上最毒的鱼之一 /112

神奇的寄生、共生

枪虾 —— 海底快枪手 /114
缩头鱼虱 —— 恐怖的寄生方式 /117
隐鱼 —— 寄生在海参肚子内的鱼 /119
向导鱼 —— 被鲨鱼罩着的小弟 /121

鲱鱼

荷兰崛起的黄金密码

鲱鱼看上去很不起眼，但是鲱鱼贸易却使荷兰成为"海上马车夫"，荷兰首都阿姆斯特丹如今就被称为"建在鲱鱼骨头上的城市"，城市中一些古老的房屋上仍可以见到各种鲱鱼的图案。

鲱鱼又称青鱼，为冷温性结群的海洋中上层鱼类和世界重要水产品之一，也是世界上数量最多的鱼类之一。

❖ 鲱鱼

鲱鱼平时栖息在较深的海域，但在洄游时期会游在大洋表面。鲱鱼成群游动，可以说它是世界上产量最大的鱼类。

古老的鲱鱼

鲱鱼的体长只有18~40厘米，体形侧扁，呈流线型，头小，背鳍与腹鳍相对，通体颜色明亮，背侧呈深蓝金属色，腹侧为银白色。

海洋生物学家认为，鲱鱼是由中生代（2.3亿年—6500万年前）弓鳍鱼类的分支进化而来的，如今鲱鱼依旧保留着原始的特征，如身体上的鱼鳞容易脱落、没有刺的鳍、位于腹位的腹鳍、没有侧线等，这些都与中生代弓鳍鱼的特征一致。

鲱鱼在荷兰是一种文化，深得当地人的喜欢，在荷兰以及欧洲很多国家随处可见鲱鱼图案的工艺品以及雕刻等。

❖ 墙砖上的鲱鱼图案

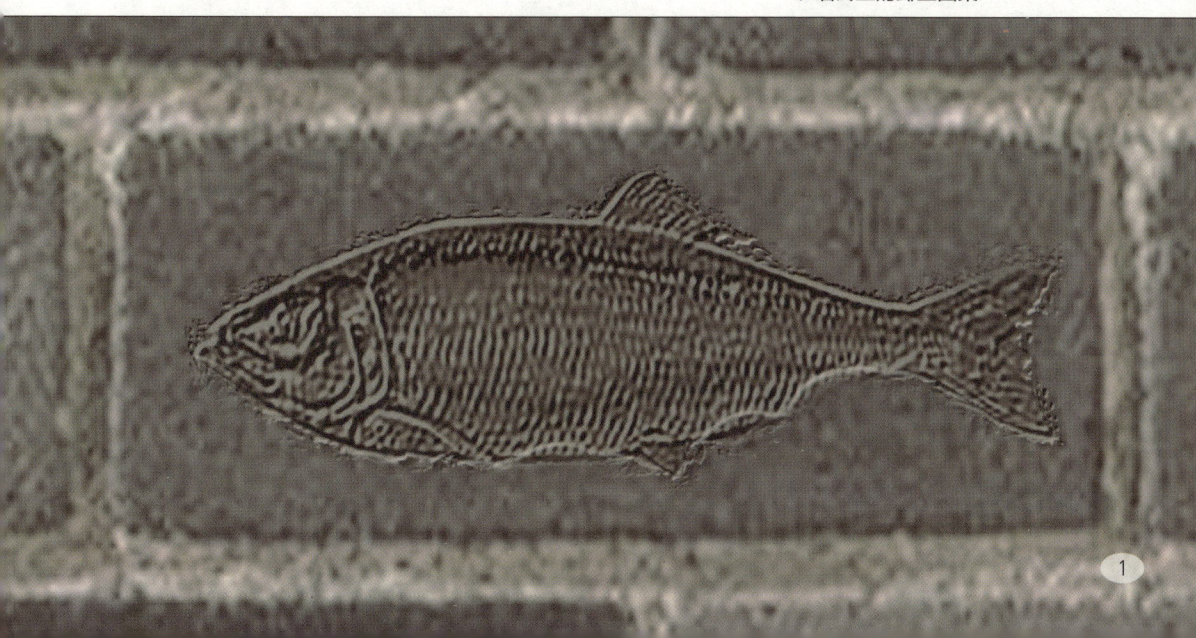

有故事的海洋生物

❖ **最标准的吃鲱鱼姿势**

在这张海报中，一位身着荷兰传统服装的女孩抓住一条鱼的尾巴，仰起头，正往嘴里送。这被视为最标准的吃鲱鱼姿势。

巴尔克斯一刀解决了鲱鱼不易保存的问题，他发明的方法很快在荷兰普及，这也使他成为荷兰人心中的英雄。

❖ **巴尔克斯拿着小刀杀鲱鱼**

很早就被当成食用鱼

大部分鲱鱼是生活在北太平洋或北大西洋的寒带至温带的洄游鱼，有部分种类在淡水中产卵并在海水中生活，也有一些鲱鱼一生都在淡水中生活。

鲱鱼从幼鱼至成熟的时间约为 4 年，寿命可达 20 年，因体内脂肪多、营养价值高、鱼群庞大，很早以前就被当成食用鱼，与人类有很密切的关系，尤其是对荷兰在 17 世纪成为"海上马车夫"起了重要的作用。

海里的鲱鱼是一种自然资源，并非荷兰人独有，生活在北海边的其他国家的渔民也有捕捞鲱鱼的权利，为了争夺鲱鱼资源，荷兰人和苏格兰人之间曾经爆发过 3 次战争。

1429 年 2 月 12 日，一支英国补给队向萨福克的军队运送 4 船军需品，正好与一支增援奥尔良的法兰西和苏格兰的联军遭遇。法兰西和苏格兰的联军实力大大优于英军补给队。
在无法逃脱法兰西和苏格兰联军打击的情况下，英军领队约翰·法斯托尔夫爵士用装满咸鲱鱼的车作为掩体，然后躲在掩体内，命长弓手射出漫天箭雨，冲锋的法兰西人和苏格兰人纷纷倒地。在大量杀伤敌人后，英军骑兵上马反攻，敌军仓皇逃遁。
这场战斗因此被称为"鲱鱼之战"，这也是英国长弓手在百年战争中最后的辉煌。

荷兰借助鲱鱼走上强国之路

荷兰地处欧洲，面朝北海，由于洋流的变化规律，每年夏天有大批的鲱鱼洄游到荷兰北部的沿海区域，荷兰人每年可以从北海中捕获超过1万吨以上的鲱鱼。

据资料显示，14世纪时，荷兰的人口不到100万人，当时约有20万人从事捕鱼业，小小的鲱鱼为1/5的荷兰人提供了生计。1386年，荷兰人巴尔克斯发明了"一刀除去鱼肠子"的方法，使鲱鱼更容易保存和运输，整个14世纪，当时并不强大的荷兰借助鲱鱼贸易，开始了商旅生涯。荷兰商人将鲱鱼运到波罗的海沿岸出售，并把这里的谷物，如黑麦和小麦，运到伊比利亚半岛和意大利销售。在荷兰向波罗的海出口鲱鱼的同时，波罗的海地区的谷物也进入地中海市场。出售谷物后提高了收入的波罗的海人又会增加鲱鱼的购买量，这让荷兰的鲱鱼出口收入持续增长。当时的荷兰政府宣称："渔业是共和国的一座金矿。"荷兰依靠鲱鱼贸易积累了第一桶金，而充足的资金也进一步促进了鲱鱼产业的发展。大量的鲱鱼流入欧洲市场，给荷兰带来了源源不断的财富，是荷兰成就"海上马车夫"之名的关键。

到17世纪初，仅北海就有500余艘被称为"鲱鱼公交车"的荷兰大型专业捕鱼船作业，每个捕鱼季节能够收获大约3万吨鲱鱼。时至今日，鲱鱼依旧是荷兰不可或缺的经济支柱之一。

❖ 小船捕捞鲱鱼

鲱鱼常指大西洋鲱和太平洋鲱；两者一度被认为是两个种，如今认为只是亚种。

"巴尔克斯一刀"攻克了鲱鱼易腐烂的难题，荷兰渔民可以放心地在北海腹地捕捞鲱鱼，起网之后，渔民们就站在甲板上开始加工，一位熟练的渔民每小时可以处理2000条鲱鱼，满载而归之后，又可以把桶装鲱鱼运到内陆，甚至销售到其他国家。

根据统计，1500年，波兰王国的但泽地区进口的鲱鱼有50%是荷兰人销售的，到了1660年，波罗的海地区进口的鲱鱼有82%是荷兰人销售的。

如今，鲱鱼被制作成各种美食，如罐头等销往世界各地。

北极鳕鱼

一条有故事的鱼

北极鳕鱼是北极地区重要的经济鱼类之一，自大航海时代起就成为北美殖民者争夺的贸易品。第二次世界大战后，北极鳕鱼更成为英国和冰岛之间战争的导火索，但令人不可思议的是，在三次"鳕鱼战争"中，实力强劲的英国皇家海军竟然接连败在兵力仅有约100人的冰岛海岸警卫队手下。

常见的鱼类在-1℃就冻成"冰棒"了，而北极鳕鱼却能在-1.87℃的海域自由生活，这不仅因为其皮下脂肪层厚，使其能抵御极寒，还因为北极鳕鱼的血液中有一种名为抗冻蛋白的化学物质，使冰晶无法沿其表面生长，因此，北极鳕鱼能在极寒中冻不死，而这种抗冻蛋白就是它的"保护神"。

北极鳕鱼是典型的冷水性鱼类，分布于整个北极海域，每当温度超过5℃时，即不见它们的踪影。

胃口好得惊人，繁殖力也很惊人

北极鳕鱼生活在北极圈附近，是一种中小型鱼类，它们的胃口好得惊人，只要是会动的东西都吃，而且吃得很多，因此，它们在寒冷的北极可谓生长神速，约4年就能长成1米多长的成鱼，最大可以长到近2米长，体重50~100千克。

北极鳕鱼的体形瘦长而结实，体侧有白色曲线，颌下有一条明显的触须，同样的品种因为栖息地的不同，身体的颜色稍有不同，浅水域的北极鳕鱼呈微红色、棕色或橄榄绿色，有较深的斑点；栖息在较深水域的北极鳕鱼颜色很浅，一般呈浅灰色。

北极鳕鱼的繁殖能力强，其性成熟年龄一般为4岁。在繁殖期，雄鱼会使腹腔内的鱼鳔振动，发出特有的声音

北极鳕鱼头大，口大，上颌略长于下颌，颈部有一条触须，鱼身侧线明显，有3个背鳍，2个臀鳍，各鳍均无硬棘，完全由鳍条组成。头、背及体侧为灰褐色，并具不规则深褐色斑纹，腹面为灰白色。胸络浅黄色，其他各鳍均为灰色。
❖ 北极鳕鱼

吸引雌鱼。雌鱼的产卵能力惊人，但其中大部分个体一生中只产卵一次，产卵期间则停止摄食，以体长 1 米左右的雌鱼为例，其一次可产 300 万～400 万粒卵。但是，由于其生活海域的水温比较低，所以要经过长达 4~5 个月的孵化期才能孵化出幼鱼。

一条有故事的鱼

北极鳕鱼是完美的食用和经济鱼类，因集群生活，很容易被捕捞。因此，它也是最早被开发、最为大家认可的鳕鱼。

早在北欧维京人征战时期，北极鳕鱼便是重要的蛋白质资源，它们充当着维京人的口粮，是维京人的力量源泉；中世纪，在黑死病肆虐欧洲时，北极鳕鱼不仅滋养了饥饿的欧洲人，同时也成为欧洲大航海热潮中水手的干粮；17 世纪，移民北美洲的殖民者将北极鳕鱼晒干后运输到西班牙、葡萄牙及英国等地出售；20 世纪，因北极鳕鱼的经济价值，更引发了英国与冰岛之间的鳕鱼战争。

❖ 海底的北极鳕鱼群

每年 1—4 月是北极鳕鱼的捕捞季节，北极鳕鱼会在这个时期进入沿海水域，沿海渔民多数用网捕，经过几小时的加工后运往世界各地。

中世纪的欧洲肉食昂贵，富含高蛋白的北极鳕鱼给欧洲人带来了"新生活"，一度"供养了欧洲"，成为当时欧洲贸易中最重要的商品之一。

❖ 正在售卖北极鳕鱼的欧洲少女

❖ 约翰·卡伯特

1497年，意大利航海家约翰·卡伯特（1455—1499年）从布里斯托尔出航。他奉英国国王亨利七世之命，寻找北方的香料航线。然而，他没有找到香料，却找到了鳕鱼（北极鳕鱼）。

卑尔根是挪威第二大港口城市，它是14—16世纪因欧洲各国对鳕鱼的需求而建立的。当时卑尔根是北海鳕鱼业的集散港口，因此很多从同盟都市赶来的德国商人在此大量购买鳕鱼，经过加工，把鳕鱼晒干后，再运到欧洲各地出售。在这个城市的鱼市场上有一座醒目的鳕鱼干雕像。

❖ 卑尔根的鳕鱼干雕像

❖ 炸马介休球

马介休这个词来自葡萄牙语，鳕鱼经盐腌制后，可以经烧、烤、焖或煮，形成比较著名的菜式，有西洋焗马介休、薯丝炒马介休、炸马介休球、白烩马介休、马介休炒饭等。上图所示的是炸马介休球，这道菜可以说最充分地体现了马介休的肉香。它选取鳕鱼肉，然后加上薯粉、洋葱、青椒等碎料，放入油锅炸，炸到金黄后即可食用。

如今，欧洲人的生活更加与北极鳕鱼密不可分，在英国，最正宗的炸鱼薯条就得用北极鳕鱼；葡萄牙人的传统美食"马介休"中，主料也是北极鳕鱼；在挪威卑尔根最古老的鳕鱼市场中间竖立着一座标志性的鳕鱼干雕像，而它已有几百年的历史。

因争夺北极鳕鱼而打响的鳕鱼战争

20世纪时，由于捕捞技术越来越先进，鳕鱼数量急剧减少，欧洲其他各国的鳕鱼捕捞船开到了冰岛海域疯狂地捕捞北极鳕鱼。冰岛人越来越担心自己赖以生存的鳕鱼资源将会在滥捕中遭到彻底破坏，于是，冰岛在1948年和1952年连续通过限制渔业的法案，1958年更是宣布把领海扩大到12海里，并要求外国捕鱼船只必须在当年8月30日之前离开该海域。

❖ 交易北极鳕鱼的市场
如此大的北极鳕鱼在当时的欧洲并非稀罕物，而北极海域的鳕鱼资源十分丰富，仿佛是大西洋中的一座巨大金矿，吸引着葡萄牙人、法国人和英国人纷至沓来。

第一次鳕鱼战争，英国人吃了哑巴亏

冰岛要求外国捕鱼船只离开的命令到期后，除了英国外，其他各国的鳕鱼捕捞船都离开了冰岛的领海范围，英国不仅没让捕捞船离开，还派来了37艘英国皇家海军舰艇，有约7000名士兵为捕捞船护航。

面对强大的英国皇家海军，冰岛人集中全国力量迎战，他们只有一支总兵力约为100人的小型海岸警卫队，而且只有3艘落后的巡逻舰，两国兵力悬殊。

不过，英国和冰岛都是北约成员国，当时美国为了对抗苏联，在冰岛建设有军事基地，因为这种复杂的关系，冰岛海岸警卫队有恃无恐地朝英国皇家海军舰艇开炮，搞得英国人很狼狈，打也不是，不打也不是，最后只能坐下来谈判，承认了冰岛把领海扩大到12海里，灰溜溜地将捕捞船和舰队撤离，史称"第一次鳕鱼战争"。

❖ 第一次鳕鱼战争

❖ 1900年，一个孩子站在两条巨大的鳕鱼中间

◆ 鳕鱼战争中两国舰船相撞

在鳕鱼战争中，英国皇家海军护卫舰与冰岛海岸警卫队的"奥丁"号相撞。

挪威人的"白色黄金"

挪威是一个寒冷的国度，因其独特的地理条件形成了比赤道还要长的海岸线，拥有世界上最多的鳕鱼资源。挪威峡湾和岛屿众多，海水冰冷、风大浪急，激流使海水保持着非常高的纯净度，这些条件都非常适合北极鳕鱼的繁殖和生长。北极鳕鱼是挪威最重要的经济鱼类，因此被挪威人称为"白色黄金"。

葡萄牙人称之为"液体黄金"

北极鳕鱼拥有高含量的蛋白质，其中的脂肪含量极低，与鲨鱼肉的脂肪含量相同。不仅如此，北极鳕鱼的肝脏含油量高达45%，并含有维生素A、维生素D和维生素E等，还含有儿童发育所必需的各种氨基酸，并容易被人消化吸收，因此被葡萄牙人称为"液体黄金"，也被世界各地的美食爱好者所喜爱，被营养学家称为"天然的营养师"。

第二、三次鳕鱼战争

由于捕捞技术的提高，加之过度捕捞，冰岛及其周边海域的鱼类资源快速萎缩，渔民收入急剧下降。1972年，冰岛再次宣布将"禁渔界限"范围扩大至50海里，这触怒了英国皇家海军，因而发生了第二次鳕鱼战争。1974年，冰岛再次宣布将"禁渔界限"范围扩大至200海里，英国皇家海军又出动了军舰，两国爆发了第三次鳕鱼战争。然而，这两次鳕鱼战争的结果依旧和第一次鳕鱼战争一样，英国人在以美国为首的北约调解下做出了让步。

从1958年开始直至1976年结束，英国和冰岛的鳕鱼争夺战打了20多年，冰岛人面对强大的英国皇家海军，只用宣布扩大"禁渔界限"这一招，到时间了就开始驱逐外国捕捞船，一般国家的捕捞船见了就走了。只有英国不信邪，结果冰岛根本不按常理出牌，在"禁渔界限"范围内见了英国军舰就开炮，然后对外扬言要和英国断交、脱离北约，让美国将军事基地撤走。美国不想从冰岛撤走军事基地，因此只能出面调停，结果在美国的压力下，英国不敢开火，只能做出让步，承认冰岛政府的"禁渔界限"，接受冰岛主张的200海里专属经济区的概念。

1976年，冰岛宣称的200海里的海洋界限被定义为专属经济区后获得广泛承认，200海里"专属经济区"还于1982年在第三次联合国海洋法会议上正式写入《联合国海洋法公约》。三次鳕鱼战争可以说是推动这项决议的因素之一。

◆ 鳕鱼战争

七鳃鳗

美 味 的 古 老 珍 馐

七鳃鳗长得很像鳗鱼，有一张恐怖的"圆盘"嘴，因眼睛后面的身体两侧各有7个鳃孔而得名。其长相恐怖，但是却异常美味，一直被视作英国王室的指定食物，让吃过它的人欲罢不能，历史上英国王室曾因它而爆发了一场战争。

七鳃鳗又被称为僵尸鱼，幼体栖息于海中，成年后游至淡水河流中产卵，身体像鳗鱼一样。它们的嘴巴没有上、下颌，是一个一直张开的口盘，上面布满了令人恐惧的牙齿，进化出一种具有类似吸血功能的"电动小圆锯"。

> 七鳃鳗幼体称为沙栖鳗或沙隐虫，生活于淡水中，在水底挖穴而居；无牙，眼部发达，以微生物为食。

古老的鱼种

七鳃鳗是一种古老的鱼，已有3.6亿年历史，在恐龙出现之前就生活在地球上，是至今少数仅存的无颌类脊椎动物之一，因此也被称为"活化石"。

七鳃鳗虽然经过了几亿年的进化，但它们的生活习惯却没有太大的改变，只是寄生的寄主发生了变化。在泥盆纪时，七鳃鳗多以古代鲨鱼及盾皮鱼为寄主。现在，它们喜欢寄生在鲑鱼和鳕鱼身上，有时也会攻击梭鱼、弓鳍鱼等。七鳃鳗因这种恐怖的寄生方式而成为很多电影中恐怖生物的原型，如在电影《金刚》中，主人公一行被打进山谷后，吃掉人的那几只黑色大虫子的原型就是七鳃鳗。在美剧《权力的游戏》

> 俗话说"打蛇打七寸"，"七寸"那个位置是可以致命的，而七鳃鳗的"七寸"在尾部，因此如果只击打它的头部，很难杀死它；但如果击打它的尾部，它就会立刻死亡。

七鳃鳗眼睛后面的身体两侧各有7个排列整齐的鳃孔。七鳃鳗的长相实在有点吓人，类似蛇一样的身体上布满黏液，一张圆形的嘴巴里全都是倒刺状的牙齿，而且七鳃鳗喜欢寄生在别的鱼类身上，以吸血为生。

❖ 七鳃鳗的鳃

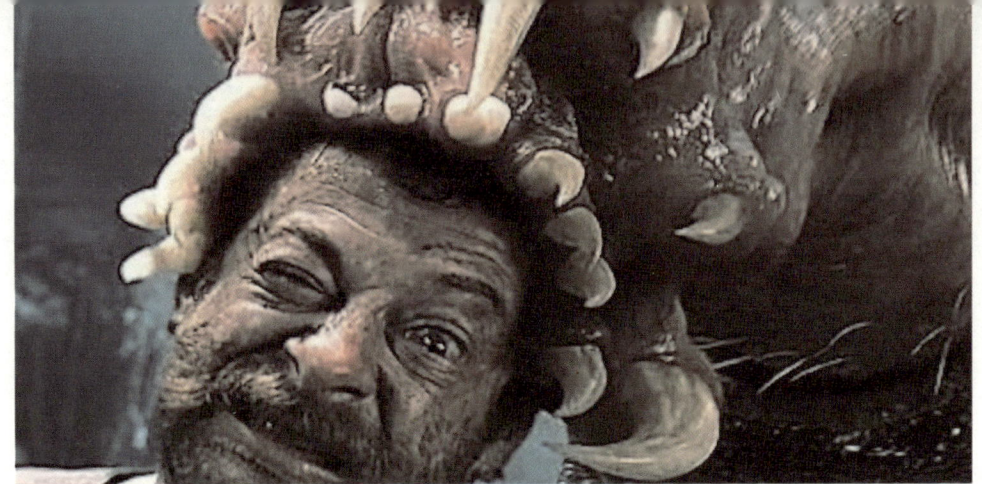

❖ 电影《金刚》剧照
该剧照展示的是藏在山谷里的巨虫吸血的一幕,它的原型就是七鳃鳗。

中,七鳃鳗便曾以美味的七鳃鳗派的形式出场。大仲马在《基督山伯爵》中描写巴黎第一场晚宴时,也曾说"伏尔加河的鲟鱼"和"富扎罗湖的七鳃鳗"的保鲜方式和烹饪方法令人赞叹不已。

一盘七鳃鳗引发的战争

七鳃鳗全身只有软骨,没有硬刺,脂肪含量高,肉质细腻并弹性十足,味道类似鱿鱼,并胜于鳗鱼,它还是高蛋白食物,富含丰富的维生素A,深受英国人特别是英国王室的喜爱,是英国王室餐桌上的传统美食,它还曾引起一场王位争夺战争。

❖ 捕捉七鳃鳗——15世纪的画作

七鳃鳗的样子很像一般的鳗鱼,身体细长,呈鳗形,但是它的嘴不分瓣,是一个圆形的吸盘,长着一圈圈的牙齿。

❖ 七鳃鳗的牙齿

❖ 名画中的七鳃鳗

比利时画家弗兰斯·斯奈德斯的名画《鱼店》，现收藏在圣彼得堡冬宫。这幅充满了世俗生活情调与追求怪诞趣味风格的画描绘了一间鱼店的情形，画作正中就躺着一条特征明显的七鳃鳗。可见自中世纪以来，七鳃鳗就已经普遍出现在欧洲人的餐桌上了。

亨利一世是征服者威廉最小的儿子，也是英国诺曼王朝的最后一任国王。公元1135年，亨利一世离开了英格兰王宫，前往家乡诺曼底视察时，贵族们端上了一盘亨利一世从小就喜爱的美食——七鳃鳗，遇到了儿时的味道，这让亨利一世欲罢不能，他因一口气吃了很多而暴毙，成为首个因吃七鳃鳗而驾崩的君王。

许多人认为亨利一世是被七鳃鳗撑死的，其实不然，据现代科学家推断，很有可能是这种鱼中的寄生虫侵入了亨利一世的主要脏器，造成其暴毙。

亨利一世死得突然，没有指定继承人，因一盘七鳃鳗而导致有资格继承王位的候选人之间开始了一场争夺权力的战争。

伊丽莎白二世曾收到格洛斯特市赠送的七鳃鳗派，以祝贺她的加冕，后来在25周年和50周年时又各收到一个七鳃鳗派。

英国王室指定的食物

亨利一世因吃七鳃鳗而死，七鳃鳗却因此名声大振，成为欧洲皇室争相追捧的美食，特别是在英国，一度将它吃到濒临灭绝的地步，以至于2012年，英国在举行伊丽莎白二世加冕60周年庆典时，特别从国外引进大量七鳃鳗，投放到当地水域，使在英国绝迹200年之久的七鳃鳗重新活跃在境内。

英国国王亨利一世最喜爱的七鳃鳗的制作方法：将七鳃鳗宰杀好之后，泡在鱼血里腌几天，然后连鱼带血一起煮熟后食用。

❖ 中世纪砖块上的七鳃鳗雕刻

一角鲸

价格不菲的海洋独角兽

一角鲸生活在寒冷的北极海域，因额头中间长着一根螺旋状的犄角，酷似西方神话中被奉为神灵的独角兽而得名。

一角鲸又名独角鲸，是一种群居动物，大都生活在北极圈以北以及冰帽的边缘，如大西洋的北端和北冰洋海域，格陵兰海也有少量的一角鲸生存，很少越过北纬 70° 以南。

一角鲸的角并不是角而是牙齿

一角鲸那只长长的角并不是长在额头上，而是从嘴里长出来的长牙。大多数的雌性一角鲸不会长长牙，仅大多数雄性一角鲸 1 岁后会从上颚左侧的牙齿边长出一颗长牙，也有少部分会长出两颗长牙。长牙平均长度为两米，大部分都是中空的，非常脆弱。一角鲸的长牙与大象、疣猪的弯曲牙齿不同，它的牙齿天生就是直的，呈逆时针方向螺旋生长。

一角鲸长牙的价格曾经超过黄金 10 倍

由于一角鲸的长牙如同西方神话中的独角兽的长角，因此有好几个世纪，欧洲人相信它具有医疗效果，甚至具有魔力。在中世纪，"独角兽的角"的价格甚至比同等重量的黄金的价格还高 10 倍。

一角鲸的牙齿平时除了打斗之外，还是它在家族中地位的一种象征，一角鲸的牙齿越长、越粗，代表它在鲸群中的地位越高。

❖ 一角鲸

❖ 一角鲸的螺旋长牙

一角鲸的长牙和人类的牙齿一样，里面有牙髓和神经，牙管里还有类似血浆的溶液，但人类的牙齿整颗都是坚硬的，而一角鲸的长牙是外软内硬的。这种组织结构可以充当减震器，防止长牙断裂。一角鲸的长牙并不是光滑的，上面长有螺旋花纹，通过这种组织，一角鲸可以在几千米外感觉到海水的细小变化。

16 世纪时，英国女王伊丽莎白一世曾经以 1 万英镑的价格收藏过一颗一角鲸的长牙，这个价格在当时足够修建一座完整的城堡。

欧洲最古老的王室——哈布斯堡王室，曾经用一角鲸的长牙制成了一根象征至高无上皇权的节杖，并在上面镶嵌了钻石以及各种红宝石、绿宝石、蓝宝石。

神圣罗马帝国的查理五世曾给法国拜罗伊特的玛尔莱弗两颗一角鲸的长牙，用来偿还相当于今天 100 万美元的债务。

❖ 哈布斯堡节杖

丹麦国王弗里德利三世搜集的一角鲸的长牙最多。他用一角鲸的长牙制成一个宝座，它的腿、扶手和底座都是用一角鲸的长牙制成的，成为欧洲的一个奇迹，长期以来，这个宝座一直用于丹麦国王的加冕典礼。

❖ 丹麦国王宝座

中世纪的欧洲贵族把一角鲸的长牙视作至宝，认为一角鲸的长牙制成的高脚酒杯、茶杯和碗有解毒功能，倘若有毒的饮料接触到它，就会"泛起黑沫，而毒性尽去"。虽然拥有一角鲸长牙的王公贵族也无法避免遭到突然和莫名其妙的杀身之祸，但是这种长牙仍然享有解毒药的盛誉，在当时市场上的价格始终居高不下。

❖ 一角鲸的长牙做成的高脚杯

❖ 水下的一角鲸群

一角鲸群的组成方式

一角鲸最大可活到 50 岁左右，它们的头部小而圆，体色会随着年龄增长而显著地变化，初生者呈斑污灰色或棕灰色，随着成长慢慢变成紫灰色斑块，而后变为黑色或暗棕色的斑块，老鲸则几乎通体全白。

一角鲸喜欢群居生活，大部分会组成小族群一起生活，也有能达到上百只一角鲸的超大族群。一角鲸的族群有严格的分界，一般分为雌鲸和幼鲸、雄鲸和幼鲸、单独雌鲸或单独雄鲸组成的一角鲸群，很少见到雌鲸和雄鲸混搭的一角鲸群。

玩耍中确定地位

一角鲸平时经常会用长牙互相较量，它们的这种较量不是为了争夺什么，而是在玩耍打斗，并不会刺伤对方。一角鲸通过这种玩耍打斗的过程，慢慢确立在族群内的地位。一般最强的雄鲸，通常也是长牙最长、最粗者，它可以与较多的雌鲸交配。

目前，一角鲸有 1 万～4.5 万头，它们虽然没有濒临灭绝的危险，但是天敌很多，如虎鲸、海象、北极熊与鲨鱼等。此外，它们最可怕的敌人是人类，因为一角鲸的牙齿制作的工艺品依旧被很多人喜欢，导致它们被人类滥捕滥杀。

❖ 因纽特人捕杀一角鲸

因纽特人捕杀一角鲸已经好几个世纪了，他们获取一角鲸的长牙换取金钱，然后将皮作为美食享用，肉用来喂养爱斯基摩犬，鲸脂和肥油用来照明和燃烧。

2004 年，格陵兰岛第一次制定一角鲸捕杀限额法案。虽然遭到猎人的强烈抗议，政府依然下令禁止出口鲸牙，终结了一项有千年历史的贸易。

开普企鹅

生活在热带小镇的企鹅

在大多数人的脑海中，企鹅都生活在南极。因此，要想近距离观察企鹅，除了动物园外，就必须花上高昂的费用，冒着极大的危险，去往冰川雪地的南极。然而，事实并非如此，在地处热带的非洲也能欣赏到憨态可掬的企鹅。

世界上共有17种企鹅，它们大部分都生活在冰天雪地的南极，但是有一种企鹅——开普企鹅，却生活在热带。开普企鹅又叫非洲企鹅、斑嘴环企鹅、黑脚企鹅，开普企鹅的叫声短促，类似驴叫，所以又称"叫驴企鹅"，它主要以竹荚鱼、乌贼、节肢动物为食。

西蒙斯敦镇的开普企鹅

西蒙斯敦镇背山面海，位于开普敦前往好望角的必经之路上，它建于1687年，已有300多年的历史，是最古老的开普殖民地之一，还曾经是南非海军基地。据说在1982年，有两对企鹅因为在迁徙路上掉队了，便滞留在了这个小镇。当地渔民发现后便自发地将它们保护了起来，经过几十年的繁殖，这里现在已经有3000多只企鹅。如果不是亲眼看到，很难让人相信，在靠近居民区的热带大海边，可以近在咫尺地观看到憨态可掬的企鹅。

❖ 开普企鹅

> 开普企鹅幼鸟的羽毛最初为灰蓝色，随着长大而变深，先后变成棕色和成鸟的黑色，这种变化需要3年左右的时间。

❖ 企鹅滩的介绍

❖ 通往企鹅滩的栈道

❖ 西蒙斯敦镇上随处可见开普企鹅

如今,西蒙斯敦镇因企鹅而知名,这些企鹅由于生长在距离开普敦不远的小镇,因此被命名为开普企鹅。

可怕的邻居

开普企鹅一直都备受当地人的喜爱,但随着企鹅数量的增多,问题也随之出现,这里的企鹅因为一直被保护,常常肆无忌惮地闯进居民家中偷吃、捣乱,甚至随意在居民家中的地毯上大小便,有的企鹅更是直接闯到马路上觅食,严重阻碍了当地的交通。因此,对当地人来说,这些曾经的客人变成了可怕的邻居。

为了既保护这些企鹅,也不影响当地人的正常生活,当地政府建立了一个封闭的海滩保护区,名为企鹅滩。游客可以从西蒙斯敦镇海岸边一条用木板搭建的栈道,深入企鹅们栖息的海滩,近距离观赏世界上独一无二的开普企鹅。

开普企鹅在逐年减少

开普企鹅是一夫一妻制的表率,企鹅夫妻一旦确定关系,就会一直夫唱妇随,形影不离,终生厮守。开普企鹅的繁殖期在11月至次年的3月间,一般会产下2~4枚蛋,孵化28天,小企鹅会被父母喂养3个月之久。1910年时,开普企鹅约有150万只,由于人类大量掠取企鹅蛋及海洋污染,到20世纪末,开普企鹅的数量已锐减90%,而且仍在继续减少。如今,开普企鹅大部分生活在开普敦的西蒙斯敦镇和环海豹岛周边。

❖ 无处不在的开普企鹅

成群的开普企鹅在沙滩上,有的在孵蛋,有的在照顾小企鹅,有的在涉水,有的在游泳……它们无处不在!

开普企鹅是人类最早发现的一种企鹅,1488年在好望角被葡萄牙水手首先发现,1758年由瑞典著名博物学家林奈确立了学名——斑嘴环企鹅,成为第一种被定名的企鹅。

❖ 开普企鹅

达尔文雀

并不是达尔文的最爱

伊莎贝拉岛地处特殊自然环境，奇花异草荟萃，珍禽怪兽云集，被称为"生物进化活博物馆"和全世界上唯一不能被复制的地方，达尔文到此一游后，被这里的环境深深吸引。通过考察，达尔文发现了一种能完美地诠释他的自然选择学说的鸟雀，这种鸟雀被后人称为达尔文雀。

❖ 达尔文

达尔文雀是达尔文在加拉帕戈斯群岛的伊莎贝拉岛上发现的，这些鸟雀的羽毛颜色均为暗色，体型相似，体长 10~12 厘米，种间最明显的区别是喙部的形状和大小各异。达尔文雀粗略一看形态都差不多，但身体大小不同，鸟喙的大小、形状差别很大。

加拉帕戈斯群岛的意思是"巨龟之岛"。后来，该群岛被厄瓜多尔共和国统治，继而有了"科隆群岛"这个新名字。

加拉帕戈斯群岛 80% 的鸟类、97% 的爬行动物与哺乳动物、30% 的植物以及 20% 的海洋生物都是特有的。共有 86 种特有的脊椎动物，其中 8 种哺乳动物、33 种爬行动物、45 种鸟类；101 种特有的无脊椎动物；168 种特有的植物。

❖ 达尔文雀

独特而完整的生态系统

200万年前，太平洋东部海域的海底火山喷出的岩浆冷却后形成了许多大小不同的岛屿，被统称为加拉帕戈斯群岛，这是一群与世隔绝的岛屿，其中最大的一座岛屿就是伊莎贝拉岛。

伊莎贝拉岛中央屹立着5个高达1689米的火山口，有的火山口常年积水成湖，像一颗颗明珠一样反射着太阳光，璀璨夺目，其中还有两个是活火山，火山口与沿海沙质地带之间是覆盖着林木、藤本植物和兰花的丘陵地带。

为了保护伊莎贝拉岛的原始生态，整座岛上没有任何跨岛公路或隧道，该岛东南端的维利亚米尔港是中心城镇，这里居住着岛上的大多数居民。

不被重视的雀鸟

1835年，26岁的达尔文跟随英国海军测量船"贝格尔（小猎犬）"号，来到加拉帕戈斯群岛，其最主要的落脚点就是伊莎贝拉岛。

❖ **伊莎贝拉岛美景**

伊莎贝拉岛是加拉帕戈斯群岛中最具代表性的一座岛屿，它形如一只棕色的海马。在大航海时代，这里长期被西班牙统治，因此以西班牙女王伊莎贝拉一世的名字命名。

加拉帕戈斯群岛上除了达尔文雀外，还发现2种哺乳动物、5种爬行动物、6种鸣禽和5种其他类群的鸟类。这些动物跟它们生活在内陆的同类相比，大多数没有明显的差别，但岛上的大陆龟、嘲鸫和达尔文雀却跟它们的大陆同类有明显的不同。

❖ **"贝格尔（小猎犬）"号**

"贝格尔"号也叫"小猎犬"号，是一艘老式双桅方帆小型军舰，船长27米，能运载120余人，装备有10门大炮。首航（1826—1830年）的船长不堪重负，在探险途中饮弹自尽；次航时（1831—1836年），"贝格尔"号搭载达尔文随船考察，绕地球一圈，于1836年10月2日回到英国。

加拉帕戈斯群岛长期与世隔绝，这里的动植物自由生长发育，从而造就了岛上独特而完整的生态系统。群岛的各座岛屿都拥有不少罕见的花草树木和飞禽走兽，如象龟、雀、企鹅、海狮、海鬣蜥、陆鬣蜥、叶趾虎等，其中的许多物种在世界上都是独一无二的，如不会飞的鸬鹚、企鹅，还有生活了百年的象龟等；还有一些体型很小、羽色暗淡的雀鸟（即达尔文雀），但这些小雀当时并未引起达尔文的特别注意，仅作为鸟类标本被收集。

达尔文通过研究岛上的物种，为他的进化论寻找到了有力的证据，随后1859年发表了《物种起源》第一版，其中有关这种小雀的描述只有寥寥几笔。

被后人称为达尔文雀

后来，英国著名鸟类分类学家约翰·古尔德在研究达尔文收集的鸟类标本时，发现这种雀在加拉帕戈斯群岛的不同岛上的标本的喙部（就是嘴）长得都不一样，有的岛上的雀的喙部是弯的，因为需要靠它捡食地上的果实；有的岛上的雀的喙部是尖的，因为需要靠它啄食树木里面的虫子等，不同岛屿的鸟的喙部结构差异，是为了适应不同的食物而进化出来的，这是自然选择的结果。

伊莎贝拉岛象龟是加拉帕戈斯群岛巨龟种群中最大的一种，成年龟体长1.5米，平均体重175千克，最高纪录为400千克，是地球上最大的龟。

❖ 伊莎贝拉岛象龟

约翰·古尔德对小雀的研究发现，得到达尔文的重视。达尔文经过研究后，在《物种起源》第二版中加入了对这种小雀的描述："这些在加拉帕戈斯群岛上生活的土著雀鸟实在令人感兴趣，它们是由一个种分化出来，而适应了不同的生活环境。"这种小雀为达尔文的自然选择学说奠定了基石，因此，它被后人称为达尔文雀。

因《物种起源》而出名

加拉帕戈斯群岛是由一群小火山岛组成的，而这些小岛坐落在太平洋的赤道线上，它们距离南美洲有960多千米，离波利尼西亚有480多千米，大约在距今100万年以前，由于火山爆发，这些小岛被推出洋面，因此，它们从未跟任何大陆相连过，各种陆地动物很难跨越宽广的海洋来到这些岛上栖息。这些小岛就如同天然的封闭实验室，岛上的动物在无外界干扰的情况下单独进化。

达尔文的《物种起源》发表之后，加拉帕戈斯群岛轰动天下，成了许多生物学家及爱好生物的人士必去的"圣地"之一。后来，人们为了纪念达尔文，便在加拉帕戈斯群岛的圣克里斯托瓦尔岛上建立了达尔文的半身铜像纪念碑及生物考察站。

❖ 沙宾叶趾虎

沙宾叶趾虎只分布在伊莎贝拉岛北部的沃尔夫火山上，全部栖息地面积不足250平方千米。

❖ 伊莎贝拉岛上深邃的火山洞

海鬣蜥是世界上唯一在水中觅食的鬣蜥，一般为黑色，也有砖红色或深绿色的。它们会上岸休息，晒太阳后身体会变色。

加拉帕戈斯群岛素来以独特的爬行动物闻名，岛上有12种叶趾虎，其中更有11种是加拉帕戈斯群岛特有的。沙宾叶趾虎、辛普森叶趾虎、粉红陆鬣蜥，以及塞罗·阿苏尔火山象龟都生活在伊莎贝拉岛北部的沃尔夫火山上，属于特有品种。

圣诞岛红蟹

令人叹为观止的大迁徙

圣诞岛红蟹是东南亚紫蟹的变种，每当圣诞岛红蟹产卵季，也就是热带雨季时，上亿只圣诞岛红蟹会浩浩荡荡地奔向印度洋海岸繁殖。铺天盖地的圣诞岛红蟹大军染红了山坡、公路、森林，令人叹为观止。

圣诞岛红蟹又称红地蟹，是一种仅生活在印度洋上圣诞岛和科科斯岛的陆蟹，寿命可达35年，以每年群体大迁徙产卵而闻名。

喜欢生活在潮湿的地方

1643年圣诞前夜，英国航海家威廉·迈纳斯船长发现该岛，将其命名为"圣诞岛"，但他并未能成功登陆该岛。

圣诞岛红蟹是东南亚紫蟹的变种，其壳体的宽度大约为11.5厘米，额部中央具第一、第二对触角，外侧是有柄的复眼。圣诞岛红蟹的腹部已退化，变得扁平，雄蟹腹部窄长，雌蟹腹部宽阔。它们大多喜欢生活在潮湿的地方，在丛林中挖洞栖息，在岩石缝隙中潜伏，甚至在人类花园的灌木丛中筑巢，圣诞岛红蟹除了繁殖季之外，其他时间都喜欢独居，不能容忍有同类合住。

❖ 遍布路上的圣诞岛红蟹

❖ 圣诞岛红蟹正面
圣诞岛红蟹的螯非常坚硬，可以刺穿汽车轮胎。

❖ 圣诞岛红蟹侧面

繁殖速度很快

圣诞岛红蟹属于杂食性动物，而圣诞岛气候温和，平均气温 21~32℃，湿度高达 80%~90%，大部分被热带雨林覆盖，植物落下的叶、花、水果，以及花卉和苗木都是圣诞岛红蟹的食物。

❖ 浩浩荡荡的圣诞岛红蟹

❖ 海边铺天盖地的幼蟹

❖ 圣诞岛搞笑的警示牌

警示牌内容:"请捡起你的烟头,螃蟹会在晚上爬出来抽这些烟头,我们正在试着让它们戒烟。"

除了圣诞岛红蟹会迁徙外,圣诞岛还有十几种其他的螃蟹会在雨季迁徙。其中椰子蟹也被称作"椰肉蟹",是当地最大的螃蟹。

❖ 椰子蟹标牌

在圣诞岛上,圣诞岛红蟹几乎没有竞争对手,也没有天敌,所以繁殖速度很快,圣诞岛红蟹的"队伍"不断壮大,据估算,目前岛上的圣诞岛红蟹大约已有1.2亿只。

浩浩荡荡的迁徙大军

圣诞岛的雨季期间,岛上的圣诞岛红蟹就会像受到了某种神秘力量的召唤,从各自的巢穴中"倾巢而出",浩浩荡荡地前往海边交配产卵。在圣诞岛红蟹迁徙的高峰期,圣诞岛上的公路上、山坡上、丛林间,都会被一片红

❖ 圣诞岛红蟹迁徙，封闭道路

色的"蟹海"淹没，整座圣诞岛上像是铺了红地毯，朝着印度洋一路而去。

圣诞岛红蟹需要迁徙 5 千米，大概爬行一星期才能到达海岸。一般情况下，公蟹会比母蟹早到一两天，提前将洞穴挖好，等待母蟹到达后交配。完成交配后公蟹便离开洞穴，毫不留恋地返回森林。母蟹完成交配后，便会在海水中产卵，卵孵化成小蟹后，小蟹会在水中大约生活 25 天，然后数百万只身体不到 3 厘米长的小蟹，又会成群结队地涌向它们父母生活的森林。

迁徙季，被按下了暂停键

圣诞岛红蟹的整个迁徙过程会耗时几个月，在这期间，岛上仿佛被按下了暂停键，比如，岛上所有的道路都会暂时封闭，禁止几乎所有的机动车通行；岛上许多地方都加设了"小心螃蟹"的路标；圣诞岛红蟹迁徙对岛民的生活影响很大，期间经常能听到"螃蟹过街，横行霸道！"的喊声。不过，为了保护大自然中的这种神奇景象，当地政府一点都不手软。

圣诞岛红蟹在迁徙期间，真的很喜欢用螯捡起路上的烟头，作抽烟状。

❖ "抽烟"的圣诞岛红蟹

大海雀

北极长得像企鹅的鸟

企鹅的英文名字为"Penguin",最开始叫这个名字的并不是如今生活在南极的企鹅,而是生活在北极圈的大海雀。由于大海雀被过度捕杀,已经在地球上绝迹,南极的企鹅才能独享这个听上去憨厚、蠢萌的名字。

大海雀曾成群地繁殖于北大西洋沿岸的岩石岛屿,向南远到美国的佛罗里达州、西班牙和意大利均曾发现过它们的化石。

大海雀和企鹅属于两个物种

大海雀为水生鸟,不会飞,体型粗壮,腹部呈白色,头到背呈黑色,可以使用翅膀在水下游泳,它们在岸上非常笨拙,但是在水中却是另一番模样,能够高速游泳并随时转向。

大海雀除繁殖季节外,很少在陆地上生活,它们喜欢集体活动,常常成百上千只地聚集在一起,在海面上漂浮或潜入海中捕食小鱼、小虾等。为了捕食水中的鱼类,大海雀往往要潜入60米深的水下。有研究表明,它们最深能够潜到1000米,在水下的时间可达15分钟。

英国自然历史博物馆一共收藏了6枚大海雀蛋,都被保存在博物馆的密室中,就连博物馆的工作人员都很少有人见过它们。

❖ 英国自然历史博物馆展出的大海雀标本和大海雀蛋

❖ 大海雀雕像
在纽芬兰岛一处公元前 2000 年的墓穴的陪葬品中，发现一件由 200 只大海雀皮毛制作的衣服。

❖ 一群大海雀

❖ 捕杀大海雀

大海雀与企鹅长得很像，不过它与企鹅是完全不同的两个物种。大海雀至少历经 300 万年的进化才在北大西洋沿岸扎根生活，然而，自从人类发现它，仅 1000 多年的时间就使它灭绝了。

大海雀灭绝的真正原因

最早可以追溯到旧石器时代，斯堪的纳维亚半岛和北美东部地区的原住民就有捕捉大海雀的记录，因为大海雀的羽毛保温性能强，适合用来抵御北极寒冷的气候，因此，大量的大海雀被捕杀，它们的羽毛被做成了防寒被服等，肉和蛋则成了美食。

随着时间向近现代推进，人类文明对大海雀生存环境的影响越来越大，尤其是轰轰烈烈的北极探险成了大海雀的梦魇。大批的探险家接踵而至，他们初见大海雀时，给这些憨厚且不惧怕人类的大鸟起名

❖ 捕杀大海雀

大海雀的繁殖能力不强，它们是一夫一妻制，一对大海雀每年产下一枚12.5厘米长的蛋，蛋上有黑色的斑点和条纹。经过6个月的孵化，小鸟才会破壳而出。

公元5世纪，加拿大的拉布拉多地区就有宰杀大海雀的记录。

埃尔德岩岛说是一座岛，实际上顶多算是一块巨石，而且光秃秃的，这是大海雀最后的庇护所，最后一对大海雀就是在这里被残杀的。

❖ 埃尔德岩岛

为"Penguin"（企鹅），在那个海上食物不够丰盛的年代，大海雀成了探险家们的食物来源，它们被疯狂捕杀，数量急剧减少。

仅剩两座小岛还有大海雀

到16世纪时，大海雀在北极和大西洋沿岸几乎已经销声匿迹，仅剩冰岛南部远离大陆的一些小岛上还有一些大海雀在繁衍生息。但是，人类并没有停止对它们的捕杀，最后，只剩下在冰岛西南的盖尔菲格拉岛和埃尔德岩岛上还有大海雀的踪迹，由于盖尔菲格拉岛交通非常不便，人们很难涉足此地，无意中保护了大海雀。

然而，祸不单行，1830年，盖尔菲格拉岛上的火山爆发，整座小岛几乎被火山摧毁，这场灾难使大多数大海雀丧生，幸免于难的大海雀都迁往埃尔德岩岛继续生活。这时，欧洲各国政府认为这种生物有灭绝的危险，开始签署保护令，禁止人们捕杀大海雀。然而，这种保护却更加刺激了那些喜欢搜集珍禽异兽标本的博物馆和贵族们，他们花大价钱从民间非法渠道获取大海雀的标本。盖尔菲格拉岛火山爆发10年后，大海雀几乎绝迹。

最后一对大海雀被掐死了

1844年，有些博物馆公然刊登广告，高价征集大海雀的标本，宣称："获得这份标本是为了向公众宣传保护 Penguin 的意义……"

在金钱的诱惑下，1844年7月3日，三名冰岛渔夫和往常一样在埃尔德岩岛附近搜索大海雀，他们忽然发现一只大海雀从水中钻出，三人紧随其后，当大海雀进窝的时候，他们冲上去，发现窝内还有一只大海雀在孵蛋，于是，两只大海雀被一人一只直接抓住掐死，另一人因手忙脚乱将正在孵化的蛋踩得粉碎，至此，地球上最后一对大海雀死亡。讽刺的是，这对大海雀被杀害的原因却是博物馆出高价求购大海雀的标本，用来向公众宣传保护大海雀的意义。

大海雀灭绝之后，"Penguin"这个名字就属于南极企鹅独享了，北极的"Penguin"则用威尔士语中的"Pengwyn"来表示，指"头上有块白的大海雀"。大海雀这种曾遍及北极圈的奇特生物，因为人类的贪婪和欲望而彻底灭绝，如今只能在博物馆中看到它们的标本。

❖ **盖尔菲格拉岛**

盖尔菲格拉岛曾是大海雀的天堂，最多时达十万只大海雀在岛上栖息。

19世纪80年代，小说家查尔斯·金斯莱在经典儿童作品《水孩子》中，以讽刺的手法刻画了一只站在"孤独石"上的大海雀形象。大海雀成了一种神秘的生物，但后世的人们再也无法目睹它们的风采了。

法国探险家雅克·卡蒂埃（1491—1557年）就曾在日记中写道："已经吃了好久的干肉和腌肉，看到这群肥胖的大鸟时，整艘船的人都很兴奋，它们简直比鹅还大！它们的数量很多，还不到半个小时，我们就抓了整整两艘船的大鸟。"该日记中说的大鸟就是大海雀。

到了1900年，大海雀的价格更是涨到了每只350英镑，按当时的价格来计算，这完全可以在伦敦购买三四栋房子。

❖ **大海雀骨架**

如今有记录的散落在世界各地博物馆中的一共有78件大海雀皮毛、75枚大海雀蛋、上千根大海雀的骨骼，还有寥寥24具完整骨架。

渡渡鸟

恐龙之外最著名的灭绝动物

渡渡鸟也称为多多鸟，"dodo"一词源自葡萄牙语中的"doudo"或"doido"，为愚笨之意，渡渡鸟体型肥胖，不惧怕人类，在1681年灭绝，是毛里求斯唯一被定为国鸟的已灭绝鸟类。

❖ 渡渡鸟

2016年8月，世界上保存最完整的一具渡渡鸟骨架拍卖了50万英镑。这具骨骼有350年的历史，是收藏者以从各处收集的渡渡鸟碎片拼凑而成的完整的渡渡鸟骨架，完整性高达95%，是全世界私人收藏品中最完整的渡渡鸟骨架，而其余的完整藏品都收藏于博物馆或者研究机构。

❖ 价值50万英镑的渡渡鸟骨架

渡渡鸟因"do、do，do、do"的叫声而得名，又称为愚鸠、孤鸽、嘟嘟鸟、毛里求斯多多鸟。渡渡鸟是一种仅产于印度洋毛里求斯岛上的不会飞的鸟，在被人类发现后不到200年就彻底灭绝。

翅膀短小，无法飞行

渡渡鸟全身羽毛呈蓝灰色，体型庞大，体重可达23千克；双腿粗壮，呈黄色；微翘的肥臀有一簇卷起的羽毛；喙长达23厘米并略带黑色，前端有弯钩，带有红点；翅膀短小，无法飞行。

渡渡鸟原本能够飞行，由于毛里求斯岛上食物丰富，也没有它们的任何天敌，在长久的自然进化过程中，渡渡鸟的胸部结构慢慢发生改变，翅膀退化，不足以支撑它们飞行，导致它们只能在陆地上跳跃前行。

❖ 渡渡鸟邮票

画中的考古挖掘人是一位中学教师,名叫乔治·克拉克。他于1865年发现了第一具渡渡鸟的完整骨骼。

2005年10月,一个荷兰生物学家小组在毛里求斯发现了一个重要的渡渡鸟遗址,并发现了大量不同年龄的渡渡鸟的骨骼,2005年12月,这些骨骼开始在荷兰莱顿的国家自然历史博物馆内向公众展示。在这之前,渡渡鸟的遗骨标本几乎已经绝迹。

渡渡鸟灭绝了

1598年9月,荷兰商船"阿姆斯特丹"号因遭遇风暴,被迫漂移到毛里求斯岛。登岛的船员第一次看到了渡渡鸟。之后,毛里求斯岛被荷兰东印度公司控制,成为甘蔗种植基地,随后各国列强纷纷涌入,殖民者带来了猫、狗、猪,有时候还有猴子。这些动物迅速侵入树林,践踏鸟巢,吃掉渡渡鸟的蛋和雏鸟。原本与世隔绝的生物天堂被彻底毁灭了,渡渡鸟的生存环境遭到严重破坏,它们的数量急剧减少。不仅如此,渡渡鸟还和岛上其他动物一样,成了水手们猎杀的目标。由于渡渡鸟的体型庞大,又不会飞,很容易就被捕杀,在欧洲人到达后不到200年里,大量的渡渡鸟被捕杀,加上一些龙卷风和洪水等自然灾害的影响,到17世纪末,最后一只渡渡鸟也死在了猎人的枪下。

这是英国自然历史博物馆中的一个"以假乱真"的渡渡鸟标本,这个假标本身上的部分羽毛来自泰晤士河中的天鹅。

❖ 渡渡鸟标本

❖《神奇海盗团》里的渡渡鸟

日本的《神奇宝贝》和《大雄与奇迹之岛》、美国的《冰河世纪》与《神奇海盗团》,以及加拿大的《动物也疯狂》中都有渡渡鸟的形象。

在《爱丽丝梦游仙境》中,作者刘易斯·卡罗尔设置了一个渡渡鸟的形象,在爱丽丝的奇妙旅程里,鹦鹉、老鼠、渡渡鸟和鸭子,它们一起从泪池出发,朝岸边游去。后来它们还一起赛跑,在评比的时候,渡渡鸟将优胜的顶针颁发给了爱丽丝。

16 世纪,欧洲人来到毛里求斯,他们带着猎枪、猎犬捕杀了大量的渡渡鸟,却并非自己食用,而是用作动物饲料和奴隶的食物。

渡渡鸟的形象在很多地方都可以见到

如今,渡渡鸟被毛里求斯定为国鸟,其形象出现在毛里求斯的国徽上。不仅如此,渡渡鸟因憨笨的样子而被许多人喜欢,电影《爱丽丝梦游仙境》、电脑游戏《大航海时代 2》、法国著名的波旁啤酒的商标,以及芬兰环保协会和澳大利亚电信网络供应公司的标识上都有渡渡鸟的形象。作为一个已经灭绝了 300 余年的物种,渡渡鸟能够在如此多的领域中有自己的一席之地,可谓一个不小的奇迹,有人甚至将它称为除恐龙外最著名的灭绝动物。

儒艮

海洋中的美人鱼

"美人鱼"是童话、神话故事、志怪小说、玄幻小说、古代传说以及史书记载中著名的艺术形象,特别是丹麦著名作家安徒生的童话《海的女儿》中的美人鱼更是打动了不知多少人的心。"美人鱼"一直是谜一样的存在,直到19世纪,人类才逐渐揭开了"美人鱼"的面纱。

传说中的美人鱼有漂亮的鱼尾、天使般的面孔,她们的声音有着蛊惑人心的魅力。以美人鱼为主题的影视剧及文学作品众多,如电影《美人鱼》、安徒生的童话《海的女儿》、唐娜·乔·娜波莉的奇幻小说《海妖悲歌》等。

欧洲关于"美人鱼"的传说

欧洲关于"美人鱼"的传说可以追溯到几个世纪以前,当时很多欧洲航海家们在探索海洋的过程中都有关于美人鱼的见闻记录。1522年,麦哲伦在环球航行的时候曾发现过一条美人鱼,并且将其记载在日记中;1608年,英国航海家亨利·哈德逊也曾有过关于美人鱼的记录;此外,关于美人鱼的传闻在欧洲的水手之中从未间断过,有水手曾这样描述关于美人鱼的见闻:"探险船迎着黄昏或者日出时,常常会透过弥漫的水雾,看到海岸线不远处,会有袒胸露乳的美丽'女人',下身像鱼一样,在游泳、嬉戏,或者抱着'婴儿'在胸前喂奶。她们时而出现,时而又消失在迷雾之中……"

❖《海的女儿》剧照

电影《海的女儿》由安徒生的同名童话故事改编。

❖ 菲律宾电视剧中的美人鱼

世界各地都曾拍摄过与美人鱼相关的影视剧。

❖《述异记》中的鲛人

成功捕获了一条"美人鱼"

中国很早就有对美人鱼的记载，《山海经》中就记载了"鲮鱼"这种像人又像鱼的生物，《述异记》中将人鱼说成鲛人："南海有鲛人，身为鱼形，出没海上，能纺会织，哭时落泪。"

1975年10月，广西海战大队与科研人员在渔民的指引下，在北部湾海域成功捕获了一条"美人鱼"，后来经过科研人员和海洋学家的分析，这种生物叫儒艮。

20世纪90年代，舟山群岛曾有渔民报案，称其看到海边礁石上有一个头发凌乱的女人，下身是鱼尾的样子，在不断低沉地哭泣。工作人员赶到海边后，发现海面异常的平静，什么都没有。此事登报后，搞得沸沸扬扬，后来当成了闹剧不了了之。

儒艮是海洋草食性哺乳动物

儒艮是西太平洋和印度洋的热带及亚热带沿岸和岛屿水域的一种极为特别的动物，为海洋草食性哺乳动物。

儒艮的身体呈纺锤形，成体平均长约2.7米，最长可达3.3米，皮肤较光滑，有稀疏的短毛。它们的背面灰白，腹面颜色稍浅。身体的后部侧扁，头部较小，略呈圆形，眼睛和耳朵都比较小，嘴吻向下弯曲，其前端长有短密刚毛的吻盘，

在广西北部湾海域，常有渔民发现美人鱼的存在，1975年国家组织了一次规模巨大的围捕行动。在渔民的帮助下，科学家们利用当时最先进的电子雷达设备，捞到了一条渔民口中的"美人鱼"。

❖ 1975年捕捉"美人鱼"的场景

鼻孔在吻端背面。尾叶水平，略呈三角形，后缘中央有 1 个缺刻。每当哺乳季，雌儒艮会用胸鳍抱着幼仔，露出海面喂奶，偶尔会头顶着水草浮出水面，所以在傍晚或月色朦胧中常让人产生错觉，误认为是"美人鱼"在喂养小孩。

❖ 儒艮

儒艮是一种珍稀海洋哺乳动物，有 2500 万年的海洋生存史，儒艮原是陆地上的"居民"，近亿年前，由于大自然的变迁被迫下海谋生。

以海生植物为生

儒艮行动缓慢，性情温顺，视力差，听觉灵敏，平日呈昏睡状，喜欢在距海岸 20 米左右的海草丛中出没，以海床上的植物为食，包括多种海生植物的根、茎、叶与部分藻类等，常会吃掉整株植物。有时会跟随着水底的水草分布，随潮水进入河口，取食后又会随退潮回到海中。

儒艮对海温和水质有很高的要求，它们从不去冷海，喜欢同家族 2~3 条一起活动，有时也会与其他家族的儒艮一起，最多时会有数百条以上一起觅食，吃饱后便会找块岩石晒太阳或躲在一个角落睡觉；或隐蔽在条件良好的海草区底部，定期浮出水面呼吸。儒艮生性害羞，只要稍稍受到惊吓，就会立即逃避。

自 4000 年前起，人类发现儒艮肉是美食、脂可榨油、骨可雕刻、皮可制革后，便开始对它们大肆捕杀，如今，随着生态环境不断恶化，儒艮的数量已极为稀少，成为濒危物种。

儒艮尾叶水平，略呈三角形，后缘中央有 1 个缺刻。

❖ 觅食的儒艮

矛尾鱼

地球上最古老的居民之一

矛尾鱼是当之无愧的"十大活化石物种"之首,这种鱼类被认为在白垩纪末期就已从地球上灭绝,但在1938年之后,非洲多个国家陆续发现了矛尾鱼。

❖ 矛尾鱼外形示意图

矛尾鱼除了是活化石外,还很有可能是"全陆生脊椎动物的祖先"!

矛尾鱼又名腔棘鱼、拉蒂迈鱼,主要生活在海洋底部,偶尔也会游至海面,其最早的历史可追溯至4.1亿年前,曾一度被认为已灭绝,但是自1938年以后,矛尾鱼的活体不断在南部非洲的科摩罗群岛被发现,故被称为"活化石"。

矛尾鱼极其稀少

矛尾鱼可活80~100岁,其体长2米左右,体呈长梭形,躯体粗壮,鱼鳞似铁甲,尾鳍似短矛,头大口宽,牙齿锐利,肉食性,以冲刺方式捕食,专吃乌贼、鱿鱼、线鳗、细小的鲨鱼及其他生活在深海海底的鱼类。目前,矛尾鱼主要分布于南部非洲东南沿海,一般栖息在50~200米的深海,最深可达700米的海中。

1938年12月22日,在印度洋南非沿岸东伦敦西部约70米深的海区,由亨德里克·古森担任船长的"涅尼雷"号渔船,偶然捕到一条从未见过的鱼,它的整个尾鳍形成非常奇特的矛状三叶形,所以定名为矛尾鱼。后来,这条鱼经博物馆的拉蒂迈女士鉴定为总鳍鱼,她立刻拍了一封电报给博物馆的一位客座鱼类学家史密斯教授,并在电报背后画了矛尾鱼的简笔画。

❖ 拉蒂迈女士手绘的矛尾鱼

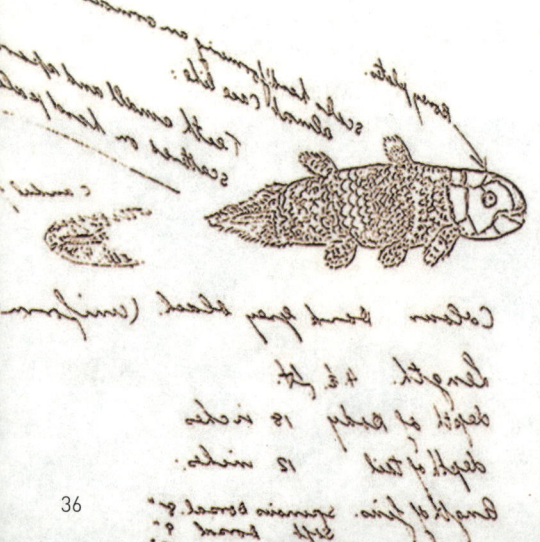

❖ 矛尾鱼

❖ 史密斯获得矛尾鱼标本

1938年，矛尾鱼被发现后，引起生物学界的研究热潮，因此矛尾鱼身价倍增，当时在南非罗兹大学任教的英国鱼类学家史密斯为研究矛尾鱼，曾登广告悬赏：谁能再送给他一条矛尾鱼，将得到100英镑的奖金。遗憾的是，史密斯足足等了14年，到1952年才得知在科摩罗群岛附近又捕获了一条，为了尽快获得这条矛尾鱼，史密斯求助当时的南非总理，并指派了军用飞机去迎接矛尾鱼。

矛尾鱼极其稀少，从1938年发现第一条矛尾鱼以来，迄今为止，只在靠近非洲的印度洋中捕捞到300多条，它们大部分被制成标本，收藏在世界各国的博物馆中。

总鳍鱼类活标本

❖ 为了迎接矛尾鱼不惜动用军用飞机

科学家发现，在4亿年以前的地层中，总鳍鱼类是主要的鱼类化石之一，但到距今7000万年以后的地层中，总鳍鱼类的化石便越来越少，以至于找不到这种鱼的化石痕迹，因此，一般认为，总鳍鱼这种生物和恐龙一起灭绝了。

❖ 矛尾鱼化石

英国鱼类学家史密斯鉴定矛尾鱼是3.5亿年前总鳍鱼类的唯一代表动物，为了纪念首先发现矛尾鱼的拉蒂迈女士，史密斯当时将它命名为"拉蒂迈鱼"。

据数据显示，东非沿海科摩罗群岛是世界上唯一每年都有捕获矛尾鱼记录的地区，分别是在努加斯加岛和昂儒昂岛，每年平均各有6~8条和4~5条矛尾鱼被捕获。

矛尾鱼的身体构造和几千万年前的总鳍鱼类的化石十分接近，它堪称地球上最古老的居民，因此被称为总鳍鱼类的活标本。

科学家曾为之疯狂

总鳍鱼类具有像四肢一样的鳍，因此，很早以前，古生物学家就曾怀疑总鳍鱼类是陆生四足动物的祖先，但仅凭化石的证据，实在无法了解总鳍鱼类是如何行动、呼吸和进化的。

矛尾鱼的身体结构以及生态行为都接近总鳍鱼类，科学家认为，研究矛尾鱼可以分析出恐龙时代的生态环境以及当时生物的行为，并推断出水生动物演变成陆生动物的过程。因此，最初发现矛尾鱼时，科学家曾为之疯狂，因为矛尾鱼是研究鱼类进化史极其珍贵的标本。

南部非洲科摩罗群岛是最早发现矛尾鱼的地方，也是发现较多的地方，有科学

❖ 矛尾鱼标本（又名拉蒂迈鱼标本）

1982年，科摩罗政府曾赠送给我国一件浸制的矛尾鱼标本，这件珍贵的标本现今保存在中国古动物馆一层脊椎动物陈列厅里，供游人参观。

❖ 海底的矛尾鱼

家认为,当地海底地形适合矛尾鱼生存;也有人认为,是当地保护海底生物得当,才使矛尾鱼有完美的水下生存空间。但无论是哪一种情况,矛尾鱼的族群都非常小,不能过度捕捞,否则就真的只能在化石中见到它们了。

除了科摩罗群岛之外,印度洋其他地区也曾发现过矛尾鱼,如1938年在东伦敦外海所捕到的第一条矛尾鱼;1991年在莫桑比克海域曾捕到一条矛尾鱼;另外,1995年在马达加斯加也有捕获一条矛尾鱼的记录。

据调查估算,该种群不足千条。经过上百万年的分离,它和原来的总鳍鱼类已经有了基因上的根本不同。因此,这种鱼除了展览之外,没有任何价值,不能吃,渔民也觉得不太好抓,这也是矛尾鱼得以一直存活至今的原因之一。

❖ 与潜水者同游的矛尾鱼

独特的感情故事

小丑鱼

是 男 是 女 随 心 所 欲

小丑鱼因为脸上有一道或两道白色条纹,好似京剧中的丑角而得名。它虽然名叫"小丑鱼",但是却一点儿也不丑,而且非常招人喜爱,它是一种有趣的生物,性别会随环境改变而改变。

❖ 小丑鱼

动画片《海底总动员》中讲述了小丑鱼尼莫与单身爸爸马林共同生活在一株海葵之中,马林多次奋不顾身地营救尼莫,场面惊心动魄。随着电影的热映,小丑鱼尼莫的形象转瞬之间走红全世界。

是男是女要看伴侣需要

在真实的世界中,小丑鱼与《海底总动员》中描述的一样,同样极具领域意识,通常一对雌、雄性小丑鱼会占据一株海葵,阻止其他同类进入。

❖《海底总动员》剧照

❖ 小丑鱼

小丑鱼是雌雄同体的。孵化后的小丑鱼是无性别的，简单地说，它们是从无性别状态转变到雄性再转变到雌性。这是一个不可逆的过程！小丑鱼也可能一生都是无性别状态。

小丑鱼内部有严格的等级制度，在小丑鱼的社会里，体格最强壮的雌鱼有绝对的威严，它和它的配偶雄鱼占主导地位，其他的家庭成员会被雌鱼驱赶，只能在海葵周边不重要的角落里活动。

如果当家的雌鱼不见了，那它的配偶雄鱼便会接管这个鱼群，然后会在几星期内转变为雌鱼，再花更长的时间来改变外部特征，如体形和颜色，最后完全转变为雌鱼，而其他的雄鱼中又会产生一尾最强壮的成为它的配偶。

小丑鱼并不能生活在每一种海葵中，只可在特定的对象中生活。小丑鱼在没有海葵的环境下依然可以生存，只不过缺少保护罢了。

小丑鱼又名海葵鱼

小丑鱼共有28个品种，常见的小丑鱼有公子小丑鱼、黑豹小丑鱼、透红小丑鱼、双带小丑鱼等。它们的体型娇小，

❖ 海葵和小丑鱼

❖ 海葵丛中的小丑鱼

小丑鱼将卵产在海葵的触手中，孵化后，幼鱼体色较成鱼浅，幼鱼在水层中生活一段时间后，才开始选择适合它们生长的海葵群，经过适应后，它们才能与海葵共同生活。

❖ 小丑鱼邮票——木版画

❖ 我国"潜龙三号"无人潜水器的外形就是小丑鱼的形象

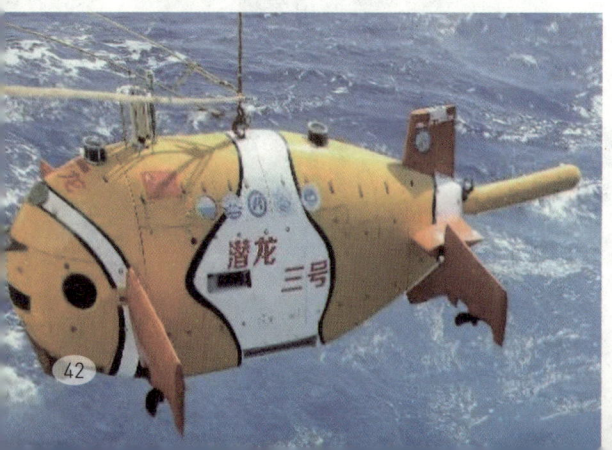

身长一般为3~8厘米，最大的体长一般也只有11厘米左右。它们主要分布在太平洋、印度洋，如红海、日本南部、澳大利亚等比较温暖的海域，时常与珊瑚礁、岩礁及海葵、海胆等生物共生。

小丑鱼的身体表面拥有特殊的黏液，可以保护它们不被海葵蜇伤，并利用海葵的触手丛安心地筑巢、产卵，免受大鱼的攻击。海葵吃剩的食物还是小丑鱼的食物。另外，它们还会利用海葵触手除去身体上的寄生虫或霉菌等。对海葵而言，小丑鱼能吸引其他的鱼类靠近，增加捕食的机会；小丑鱼也可帮助海葵除去身上的坏死组织以及寄生虫；小丑鱼的游动还可减少残屑沉淀至海葵丛中。

小丑鱼的外形并不丑陋，应该说非常可爱，所以现在越来越多的小丑鱼被饲养在鱼缸内，其外表的颜色也会随着鱼缸的环境不同而有不同的变化。

垩鲆

一 天 变 性 可 达 2 0 多 次

海洋中会变性的生物有很多,而像垩鲆一样一天变性的次数高达20多次的却绝无仅有,垩鲆的性别就像表情一样说变就变,它可谓生物界的变性之王,"忽男忽女"只在一念之间。

垩鲆分布在西大西洋海域,多数生活在有沙石的海底,体长可达8厘米,鱼体表面粗糙,为橘色并带有紫色,腹部有电光蓝色,非常吸引人。

> 在自然界中有大量雌雄同体的动物,在软体动物、脊椎动物中都有发现,目前已知的动物物种约有860万种,雌雄同体的动物物种约有6.5万种,比例约为0.8%。

卵子交易

自然界中约有2%的鱼类可以变换性别,而垩鲆变换性别的行为常发生在繁殖期间,它们这种繁殖策略被叫作"卵子交易"。

垩鲆在生长期间,身体里的卵子和精子可以同时生长,产卵时,一方不会连续产卵两次,而是双方交换性别,交替产卵,有的垩鲆夫妻一天之间会进行高达20次以上的变性,以达到双方之间"公平"地产卵受精。在自然界中,像垩鲆这么频繁交换性别的非常少见。

忠贞的"一夫一妻"制

在自然界中,尤其是海洋生物中,坚持"一夫一妻"制

> 垩鲆是肉食性动物,以浮游生物为食,日间觅食于水层中,夜间则躲藏在珊瑚礁间的洞穴中。
> ❖ 垩鲆

❖ 成双成对的垩鲔

❖ 美丽的垩鲔

的生物非常少,一生都保持"一夫一妻"制的更是少见,而垩鲔正是这样一种忠贞的鱼类。

垩鲔一般会成双成对地出现,虽然在繁殖期间会有其他雄鱼前来诱惑伴侣,但是它们每天都会回到伴侣身边。所以,有种言论称:垩鲔之所以会不断地变换性别,就是为了减少伴侣出轨的机会,虽然真相并非如此,但却是一个有趣的见解。

石斑鱼

雌雄同体，却少有雄鱼

石斑鱼在我国被称为黑猫鱼，身体色彩艳丽，变异甚多，并具有明显的条纹和斑点，它们的肉质细嫩，每年有大量的石斑鱼被捕捞，成为人类餐桌上的美味，然而奇怪的是，如此大量的捕捞却很少有发现雄性石斑鱼。

石斑鱼的身体呈长椭圆形，侧扁，口大，牙细尖，有的扩大成犬牙。它们的背鳍和臀鳍棘发达，尾鳍为圆形或凹形，体色变异甚多，常呈褐色或红色，并具条纹和斑点，为暖水性的大中型海产鱼类。

中国四大名鱼之一

石斑鱼有163种之多，仅分布于我国福建沿海的石斑鱼就有12种，其中经济价值较高且较为常见的种类有赤点

❖ 鲑点石斑鱼

鲑点石斑鱼的身体及奇鳍布满红褐色斑点；背鳍鳍棘部末、鳍条中部基底及尾柄上各有一鞍状黑斑；各鳍均有白边。广泛分布于印度洋和太平洋的热带、亚热带海域，是驰名世界的海鲜珍品之一。

❖ 石斑鱼

❖ 赤点石斑鱼

赤点石斑鱼的身体为棕褐色，体侧、头部、背鳍、尾鳍和臀鳍散布赤黄色斑点，背鳍基底中部具一黑斑，腹鳍和胸鳍无斑点。为暖温性中下层鱼类，多生活在近海水深55米以内岩礁底质的底层海域。赤点石斑鱼性凶猛，以肉食为主，喜食鱼、虾、蟹类，不喜欢结群，饥饿时有自相残杀现象。

龙胆石斑鱼是所有石斑鱼中体型最大的，成年的个体可长到2.7米，重达340千克，被称为"石斑鱼之王"。

龙胆石斑鱼也叫花尾龙趸，主要产地在东南亚、澳大利亚海域，在我国的南海（南沙群岛）也曾发现，但数量稀少。

❖ 龙胆石斑鱼

石斑鱼、鲑点石斑鱼、云纹石斑鱼和网纹石斑鱼等。

石斑鱼喜欢栖息在沿岸岛屿附近的岩礁、砂砾以及珊瑚礁底质的海区，一般不成群。它们栖息的水层会随水温变化而升降。石斑鱼是肉食性凶猛鱼类，以突袭方式捕食底栖甲壳类、各种小型鱼类和头足类。

石斑鱼营养丰富，肉质细嫩洁白，类似鸡肉，有"海鸡肉"之称，被我国港澳地区推为"中国四大名鱼"之一。

雌多雄少的原因

石斑鱼与其他鱼类不同，它们具有两套生殖器系统，也就是传说中的雌雄同体。虽然雌雄同体，有利于石斑鱼的种族繁衍，但在它们发育期间呈现先雌后雄的性转变，需要一段很长的时间。

有研究数据表明，鲈滑石斑鱼需要长到7岁才开始性转变；地中海灰石斑鱼性转变需要14年之久；玛拉巴石斑鱼在10千克以下几乎没有雄鱼；龙胆石斑鱼在24千克以下很难找到雄鱼。另有研究报告称，2009年，全球有超过27.5万吨石斑鱼被人吃掉，以平均每条石斑鱼重3千克推算，数量相当于9000多万条。事实上，其数量可能更多，因为大部分被出售的石斑鱼的重量只有1千克。1千克重的石斑鱼还处于幼鱼阶段，也就是说，还处于雌性阶段，还没能长大就被人类吃掉了。

因此，人类在捕捞中很少发现有雄性石斑鱼的踪迹，许多幼鱼没来得及成长即被人捕获，成功繁殖的机会锐减，野生石斑鱼的数量也大幅度下降。人工养殖的石斑鱼靠人工促进性转变，其产量才勉强满足市场的需要。

❖ 云纹石斑鱼

云纹石斑鱼又名电纹石斑鱼，体呈浅褐色，体侧具6条暗棕色横带，横带于腹部分叉，横带内具淡色斑；体侧另具黑色小点；头部于眼下方具3条暗色细纹。

❖ 网纹石斑鱼

网纹石斑鱼又称蜂巢石斑鱼，体侧有蜂巢状的纹理。

石斑鱼中比较好吃的品种有东星斑，它有鲜、嫩、美三大特点。

玛拉巴石斑鱼的体色为浅褐色，有5条微斜的暗色褐带，有时不显著，腹侧之带有分叉的情形。头部、体侧、胸部、下颌腹面、口缘均具黑褐色斑点；头部及体侧另具白色斑点和斑块。最大体长可达234厘米。

❖ 玛拉巴石斑鱼

河豚

神秘而精美的海底麦田圈

河豚的脏器有剧毒，但是它们的肉质细嫩、鲜美，即便是有毒，也让人垂涎，有"吃了河豚，百味不鲜"的说法，被誉为"菜肴之冠"。除此之外，最让人称奇的是，雄河豚为了吸引异性，会在海底建造精美而巨大的"麦田怪圈"。

中国《水产品卫生管理办法》中明确规定：河豚有剧毒，不得流入市场，应剔出集中妥善处理，因特殊情况需进行加工食用的，应在有条件的地方集中加工，在加工处理前必须先去除内脏、皮、头等含毒部位，洗净血污，经盐腌晒干后安全无毒方可出售，其加工废弃物应妥善销毁。

根据《山海经·北山经》记载，早在距今4000多年前的大禹治水时代，长江下游沿岸的人们就品尝过河豚，并知道它有剧毒。

河豚在各地有很多称呼，如气鼓鱼（江苏、浙江）、乖鱼、鸡抱（广东）、龟鱼（广西）、街鱼（用闽南话读）（福建）、蜡头（河北）、艇鲅鱼（山东）。

❖ 河豚

河豚又称为河鲀，俗称气泡鱼、吹肚鱼、乖鱼等，古称肺鱼，因外形似"豚"，能发出类似猪叫声，又常在河口一带活动而得名。

拼死吃河豚

河豚是名贵食材，被誉为"菜肴之冠"，但它们的卵巢、肝、肾、眼睛、血液中含有剧毒，误食者轻则中毒，重则丧命。

中国是世界上最早吃河豚的地方，至迟可以追溯到先秦时期，2000多年来，以江淮、江南及一些沿海地区食河豚之风为盛，有"食得一口河豚肉，从此不闻天下鱼"的说法。不过，如今食用河豚最疯狂的地方是日本，仅东京就有超过1600家河豚料理店，每年都有日本人因误食河豚而中毒死亡。

❖ 河豚美食

宋人梅尧臣的《范饶州坐中客语食河豚鱼》诗云:"春洲生荻芽,春岸飞杨花。河豚当是时,贵不数鱼虾。"

俗语有"拼死吃河豚"的说法,因此,食用河豚时必须特别小心,严防中毒事故发生。

丰臣秀吉与河豚

日本在丰臣秀吉的时代,河豚是不允许食用的,否则就会被没收家产,甚至拘留。自江户时期,日本就流传着嗜吃河豚的风俗,但河豚有剧毒,并没有解药,稍有不慎就会是食客最后的晚餐。因为有太多武士死于河豚毒,使国力削弱,所以丰臣秀吉才不得不颁布禁食河豚的条例,以保证军队的战斗力。

后来,到了明治时代,日本第一任内阁总理大臣伊藤博文,在一个偶然的机会吃到了河豚料理,他在食用后直叹美味,当即取消了禁食河豚的条例。

身体会膨胀成球形

河豚为暖温带及热带近海底层鱼类,栖息于海洋的中、下层,有少数种类进入淡水江河中,大多数种类为圆菱形,体

2000多年前的吴越盛产河豚，吴王夫差更是将河豚推崇为极品美食，将河豚与美女西施相比，河豚肝被称为"西施肝"，河豚精巢被称为"西施乳"。

长一般为5~28厘米，大多数体长10~20厘米，体重一般为300克上下，鱼体光滑无鳞，眼睛内陷，半露眼球，口小，上、下齿各有两颗形似人牙的牙齿，游泳能力不强，除了进行一般性移动外，不能远距离洄游。

当环境改变，遇到入侵者或受到惊吓的时候，河豚就会将身体膨胀成球形，它们的牙齿以及骨骼会相互摩擦，发出"咻咻""咕咕"声，同时皮肤上的小刺竖起，用以威慑入侵者，防止被攻击。

精美的海底麦田怪圈

神秘的麦田怪圈吸引着人们的目光，有人说麦田怪圈是外星人的杰作，也有人说是自然现象造成的，众说纷纭，不过在海底的"麦田怪圈"，却是由小小的河豚为爱而建造的。

成年的河豚会趴在海底沙粒上，将身体左右剧烈晃动，拨开海底沙子，用鳍在沙子中挖出凹槽，慢慢移动，经过没日没夜的工作，建造出一个长约2米的圈圈，圈圈类似于"麦田怪圈"，并有神秘图案，就像一个散发着光芒的太阳的图腾，而且每条河豚建造的圈圈都不相同，雄性河豚还会根据自己的兴趣用贝壳或者珊瑚虫的骨骼装点圈圈，因为圈圈设计得越精细，越容易获得"美人"青睐。

负责任的雄性河豚

❖ 鼓了气的河豚

如果雌性河豚看上了圈圈和建造它的雄性河豚，就会心满意足地与雄性河豚交配，之后雌性河豚会小心翼翼地在这种图案中心区域产下卵，6天后这些卵就会孵化。

圈圈中心的沟壑以及外围的沟壑可以减缓水流速度，使中心区域处于相对平静的状态，用来保护鱼卵和孵化出的幼鱼不会随水流而漂走，从而保证了它们的繁殖率。

❖ **带刺的河豚**

河豚有的带刺，当其遇到危险的时候，会将身体膨胀成大刺球，让天敌无从下口。

每年春季是河豚的产卵季节，这时河豚的毒性最强，所以，春天是人食用河豚中毒的高发季节。

爱吃河豚的苏轼

河豚的美味让许多名人拼死也要尝试。宋代《示儿编》中就记载了苏轼吃河豚的轶事。

苏轼在谪居常州一带时，有一家饭店善于烹饪河豚，店主邀请他去品尝，希望他能写点诗词什么的，好让饭店名扬天下。

但见苏轼埋头大啖，毫无赞美之意，店主与家人相顾失望之际，没想到他突然丢下了筷子，口中说道："值得一死！"翻译成现代的话就是："这河豚做得太好吃了，吃到这美味，死也值了！"

1995年，一位潜水员在日本海底发现了一个奇怪的圈圈，其直径约1.8米，有类似"麦田怪圈"的神秘图案，后来被证实这些怪圈是雄性河豚刨出来吸引伴侣用的。类似这样的图案在美国佛罗里达州的一片沼泽地里也曾经发现过，沼泽地里的图案比海底发现的图案简单，就是一个个简单的凹陷的坑。很难想象河豚竟然可以在海底建造出如此精致的"麦田怪圈"。

❖ **海底怪圈**

❖ 雄性河豚在巡视它的圈圈

个别河豚存在雌雄同体现象，据日本学者介绍，1973—1976年，在5727条河豚中发现17条雌雄同体的河豚，检出比例较低，约为0.03%。

在养育幼鱼期间，雄性河豚会把所有精细的沙子都堆放到圈圈中间，同时不停地从其他地方寻找精细的沙子加固并改造圈圈。

原来连河豚的求偶都这么现实：有房子，最好是漂亮的大房子，当然啦，房子里还得配备很好的育儿区。

小小的河豚能建造出如此巨大的圈圈，非常不容易，而且又在圈圈内创造出丰富的图案，不得不让人好奇，难道它们有思想？这值得科学家研究并深度揭秘。

《本草拾遗》称河豚："入口烂舌，入腹烂肠，无药可解。"

民间吃河豚有个规矩：互相之间不劝让。为什么不劝让呢？这是你自愿的，你敢吃就吃，不敢吃你就没有这个口福了。

❖ 恩爱的河豚两口子

阿德利企鹅

酷 爱 石 头 的 恶 棍

阿德利企鹅是一种广泛存在于南极的"原住民",其名称来自南极大陆的阿德利地,其形象是我们熟知的 QQ 的 LOGO 原型。

阿德利企鹅的外表是经典的"黑白配",皮肤上绝对没有杂色,是人们心目中"标准企鹅"的形象。它们的栖息地遍布整个南极大陆及邻近岛屿,罗斯海域的阿德利地是它们最大的栖息地,约有 50 万只阿德利企鹅生活在这里。

企鹅家族中的小个子

阿德利企鹅属于企鹅家族中的小个子,体长 72~76 厘米,和许多其他种类的企鹅一样,雌、雄性阿德利企鹅同形、同色,从外形上难以辨认。

❖ 阿德利企鹅

❖ 早期 QQ 的 LOGO

早期腾讯 QQ 的 LOGO 几乎和阿德利企鹅一模一样。

PENGUINS
Spy in the huddle

NARRATED BY
David Tennant

"Extraordinary, stunning, breath aking."

❖ 纪录片《卧底企鹅帮》

在BBC纪录片《卧底企鹅帮》中，曾描述过一只体型娇小的阿德利企鹅，冲到一群高大的小帝企鹅面前，帮它们驱赶走虎视眈眈的巨鹱。

环海豹是阿德利企鹅的天敌之一，为了不被环海豹抓住，阿德利企鹅遇到环海豹时会避让，如果躲不及，就会集体跳入海中，然后迅速移动到另外一处陆地，环海豹一般抓住一两只阿德利企鹅，其他阿德利企鹅就能安全无恙地转移。

❖ 环海豹

❖ 看上去有些呆萌的阿德利企鹅

阿德利企鹅和其他企鹅一样不会飞，在陆地上行走时，脚掌着地，身体直立，依靠尾巴和翅膀维持平衡，行动笨拙，但是它们却是游泳健将，能潜入水底175米处觅食，游速可达每小时15千米，在遇到危险时，能迅速跳上高达2米的海岸。

石头就是财富

阿德利企鹅喜欢在海岸附近筑巢，它们习惯群居生活，一般一个群体少则几只，多则上百只。在繁殖季会形成1只雄企鹅和1只雌企鹅的配偶关系，并形成大群，最大可达10万只，集体在陆地上繁殖。

阿德利企鹅虽是众多企鹅中分布最靠南的一种，但它们绝对不会在冰面上孵蛋。在交配前，雄性阿德利企鹅会在冰天雪地里拱出一块凹地，再找来大小不一的石头铺在洼地，做成一个巢穴。

在阿德利企鹅心中，石头就是财富，有了石头就能有美丽的巢穴，有美丽的巢穴就能吸引伴侣，因此，石头受到它们特别的重视。

为了石头不惜干起了偷盗行径

在冰天雪地里,想要找到足够多的石头铺设巢穴并不容易,阿德利企鹅为了石头更是费尽心机。

在繁殖季到来之前,如果没能收集到足够多的石头筑巢,就无法找到心仪的配偶,因此为了筑巢,阿德利企鹅会不择手段,它们会趁邻居外出找小石子时,悄悄地以迅雷不及掩耳之势,奔到其他企鹅的地盘叼走一块,为了避免邻居起疑心,它们还会假装四处望风景,一脸无辜。

古怪的习性

阿德利企鹅不仅喜欢收集石头,它们还有其他一些古怪的习性。当一群阿德利企鹅聚集在海边的岩石上时,最靠近海边的那只阿德利企鹅,往往一不注意就会被后面的阿德利企鹅踢入海中,站在岸上的阿德利企鹅随后会探头观望,如果确认安全,后面的阿德利企鹅才会一只接一只地跳下水。如果不安全,站在前面的阿德利企鹅同样有被踢入海中的危险,因为阿德利企鹅会趁环海豹捕捉前面入水的同伴的间隙,蜂拥入水,迅速移动到另外一块陆地上。阿德利企鹅有时还会将幼帝企鹅护送到海边,然后纷纷啄咬它们,将它们赶下水,这是因为阿德利企鹅上岸繁殖的时候,正是幼帝企鹅离开繁殖区前往大海的时候,不把它们赶走,阿德利企鹅的繁殖区就会被侵占。

❖ 铺满石头的巢穴

❖ 叼着石头的阿德利企鹅

大马哈鱼

母　爱　之　鱼

大马哈鱼是珍贵的经济鱼类,深受人们的喜爱,它们为了繁衍后代,历尽艰辛,最后用自己身体上的肉喂养幼鱼,其行为悲壮,催人泪下,因而被誉为"母爱之鱼"。

❖ 诱人的大马哈鱼鱼肉

大马哈鱼是世界著名的经济鱼类,也称为大麻哈鱼,是鲑鱼的一种,是著名的冷水性溯河产卵洄游鱼类。它们出生在江河淡水中,却在太平洋北部和北冰洋的海水中长大。每年秋季,在我国黑龙江、乌苏里江及松花江等水域也有此鱼种出现。

名贵鱼类

大马哈鱼主要有6种:大马哈鱼、驼背大马哈鱼、红大马哈鱼、大鳞大马哈鱼、孟苏大马哈鱼、银大马哈鱼。它们以肉质鲜美、营养丰富著称于世,历来被人们视为名贵鱼类。

大马哈鱼一般体长60厘米左右,体重3.5千克,最大体重超过了5千克,身体略似纺锤形,口大、嘴长、眼小,牙扁而尖锐,腹部呈银白色,成鱼体侧有10~12条橙赤色的横斑。

大马哈鱼为肉食性鱼类,生性凶猛,幼鱼时捕食底栖生物和水生昆虫,成鱼在海洋中主要捕食玉筋鱼和鲱鱼等小型鱼类。

❖ 大马哈鱼

洄游之路

大马哈鱼是溯河性鱼类，一般在海洋里生长4年左右，性成熟后就会不顾路途遥远，万里迢迢地准确洄游到出生的淡水江河中产卵。不论是遇到浅滩峡谷、拦河大坝，还是急流瀑布，它们都不会退却。

由于洄游的大马哈鱼数目众多，它们的群体洄游行为，给沿途的森林带去了80%的氮，实现了大自然物质和能量的循环。除此之外，在海洋中吃得肠肥肚圆的大马哈鱼，洄游途中养活了内陆许多的生物，如北美的大马哈鱼洄游区域内就有200多类物种把大马哈鱼当作赖以生存的食物，其中棕熊就是一种十分依赖大马哈鱼的动物。

最新研究显示，大马哈鱼的大脑中有一种铁质微粒，像指南针一样，能够帮助它们在地球上准确找到前进的方向，洄游到出生地。

❖ 大马哈鱼鱼子

大马哈鱼鱼子比鱼肉更珍贵，其直径约7毫米，色泽嫣红透明，宛如琥珀，营养价值极高，7粒大马哈鱼鱼子就相当于一个鸡蛋。用它制成的鱼子酱盛到盘子里犹如红色的珍珠，闪闪发光，能引起人的食欲，故"身价"极高。

❖ 驼背大马哈鱼

在海洋里，驼背大马哈鱼的体色为亮银色。洄游到其产卵的溪流时，体色变成淡灰色，肚子为浅白色。

❖ 成群大马哈鱼洄游

❖ 孟苏大马哈鱼

孟苏大马哈鱼是我国大马哈鱼属中洄游种类分布最南的一种,对温度的适应性较高,是内陆驯化对象之一。近年来,其资源锐减,濒于枯竭。

我国黑龙江省抚远市的黑龙江畔盛产大马哈鱼,是"大马哈鱼之乡"。

除孟苏大马哈鱼只产于亚洲海岸外,其余几种大马哈鱼在美洲海岸和亚洲海岸均有分布,从渔获量来看,无论是亚洲海岸还是美洲海岸,驼背大马哈鱼均占据首位。

大马哈鱼做好产卵准备时,它们的体色会发生明显变化,变得非常鲜艳,如北美大马哈鱼就会变成红色。当然,这个变色过程不是一下子就完成的,而是从洄游至江河,性激素大量分泌时就开始的。

棕熊是大马哈鱼回乡路上的天敌之一,每当大马哈鱼洄游的季节,也就是棕熊收获的季节。棕熊就靠这一顿,积累足够多的脂肪来过冬。

❖ 棕熊抓大马哈鱼

❖ 红大马哈鱼

红大马哈鱼因洄游的过程中身体会慢慢变红而得名。在淡水中全身亮红色,头淡绿色;雌鱼偶有黄色或绿色的斑纹。在海水中生活时,背为蓝绿色,腹银色,皮肤均匀光滑。

母爱之鱼

经过长途跋涉的大马哈鱼大都已经筋疲力尽,瘦骨嶙峋。到达目的地后,雌鱼在合适的水域产下卵子,雄鱼洒下精液,艰难地完成繁衍后代的任务,此时,雌鱼已经疲惫不堪,趴在产卵地不远处,守候着幼鱼诞生,同时等待着死亡,它们一般会在产卵后 7~14 天即死亡。

大马哈鱼终生只繁殖一次，产卵量在4000粒以上，受精卵经过一段时间的孵化，幼鱼就出生了，刚孵出的幼鱼没有觅食能力，就靠摄食身边的小型浮游生物和死去的大马哈鱼肉成长。另外，还有一种传言，幼鱼出生后，会围着垂死的妈妈，吃其身体上的肉，母鱼会忍着剧痛，任凭其撕咬，用自己的身体帮助孩子们成长，最后，母鱼会被吃得只剩下一堆骸骨，不管传言是否属实，都不妨碍大马哈鱼拥有"母爱之鱼"的美誉。

　　一般太平洋大马哈鱼洄游产卵后都会死去，它们的尸体则滋养了江河，为生长中的大马哈鱼幼鱼提供了充足的食物。而大西洋大马哈鱼则不然，它们是年复一年地洄游产卵。

大马哈鱼在江河中逆流而上，往往会遇到很多高落差的水流，如瀑布，这时，大马哈鱼会跳过去，这是大马哈鱼经过600万年进化而获得的能力。它们这一跳，有时相当于跳过了4层楼的高度。

❖ 大马哈鱼跳跃瀑布

偕老同穴

象征忠贞爱情的海洋生物

在茫茫大海中生活着一种奇特的海绵，它本身很平常，也没有什么特别之处，不过却因为共栖在它腔体内的一对俪虾演绎的"生同衾，死同穴"的爱情故事而被人们视为吉祥之物，象征着忠贞、永恒的爱情。

> 海绵动物是多细胞动物中最原始、最简单的一个类群，在古生代的寒武纪前就已经出现，它们虽然经历了几亿年的进化，组织器官却仍然没有分化，没有口和消化腔。它们绝大多数生活在海洋里，过着底栖固着生活，一般呈高脚杯状、瓶状或圆柱状，体壁表面有许多进水孔。

> 偕老同穴骨架的成分是二氧化硅，而二氧化硅是制作玻璃的原料，它因此得名"玻璃海绵"。

❖ 偕老同穴

偕老同穴一般指堂皇偕老同穴，它是一种生活在深海中的海绵动物，体长为3~80厘米，身体呈圆筒状，主要生活在我国东海、日本、西太平洋其他地区及印度洋海域。

小动物的安身之所

偕老同穴多栖息在360~1000米深的海底，它们的身体由二氧化硅构成的玻璃丝样的骨针纵、环交叉编织而成，自上而下逐渐趋窄，呈灯笼形的桶状。其体表四周布满小孔，内部有广阔的空腔，体色变化与环境有关，活着的时候多呈淡石竹色。

偕老同穴是各种小动物的安身之所，包括小虾、小蟹、蠕虫、海星、海蛇尾等，连乌贼都喜欢把卵产在一种石质海绵的孔里。

偕老同穴即便是死，也常常会保持得完好无损，看上去晶莹透亮、闪闪发光，不仅看起来美观，而且还十分坚固，常被人们制作成饰物。

名字的来历

"偕老同穴"这个名字与一种白色的俪虾有关。

俪虾很小的时候，就会一雌一雄相伴，从偕老同穴的水孔里，游进海绵体

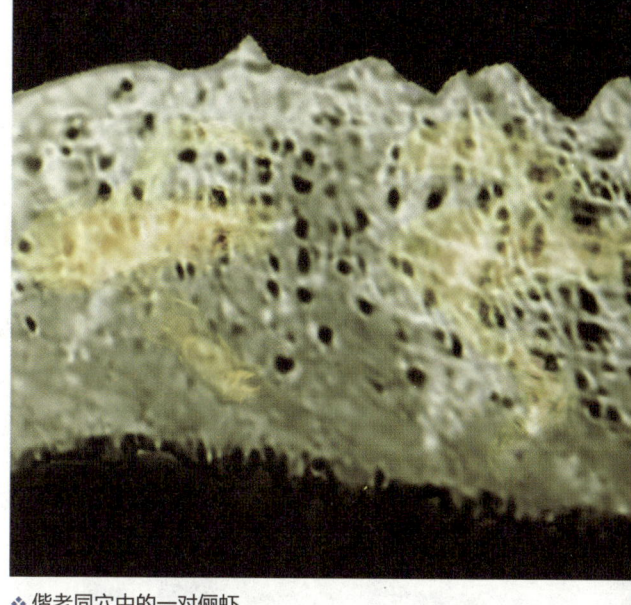

❖ 偕老同穴中的一对俪虾

俪虾夫妇在偕老同穴中繁殖后代，而幼虾个头不大，可以钻出"牢笼"，去追寻属于自己的自由和真爱。然而，等它们找到伴侣后，也会像父母辈一样陷入爱情的"牢笼"。

❖ 俪虾

❖ 偕老同穴中的一对俪虾

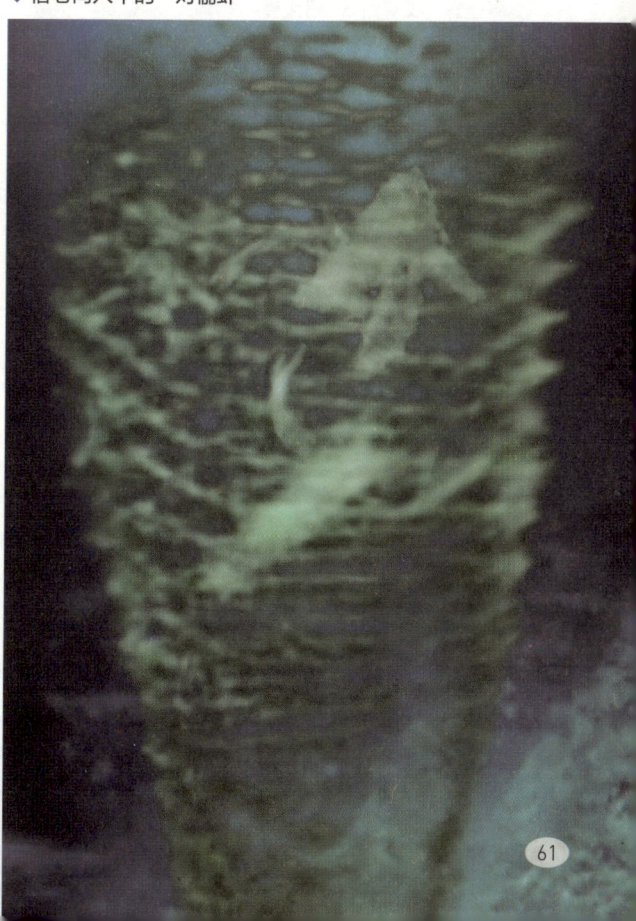

❖ 圣玛莉艾克斯 30 号大楼

圣玛莉艾克斯 30 号大楼这座未来主义风格的大楼高 180 米，是伦敦市区第二高的建筑物，它于 2004 年投入使用，一直被当地人称为"小黄瓜"，但著名建筑师诺曼·福斯特设计它时并未受到黄瓜的启发，而是模仿了"维纳斯的花篮"，将菱形的玻璃按照晶格框架结构排列而成。

中空的中央腔内，并以此为家。俪虾靠海绵体躲避猎食者，也可摄取流进海绵体内的海水中的营养物为食物。等俪虾的身体长大后，它们便再也无法从海绵体的中央腔内钻出去了，成为活在海绵体内的一对伉俪，"生同衾，死同穴"，因此，这对虾得到了"俪虾"的美名，而这种海绵则得名"偕老同穴"。

被视为吉祥之物

大多数海底小动物会自由出入偕老同穴的海绵体，它们仅仅把这里当成生活、避难的场所，而不像俪虾与偕老同穴的海绵体形成"共栖"关系，它们成双成对地进入偕老同穴的海绵体后便不再离开，与偕老同穴"合为一体"，永不分离。基于这个动人的故事结局，海边的渔民常将偕老同穴视为吉祥之物。在日本，偕老同穴象征着永恒的爱情，民间常将偕老同穴作为礼物送给新人；在欧美传说中，偕老同穴则被视为爱与美的女神的花篮——"维纳斯花篮"。

偕老同穴的干制标本也常被作为定情信物送给心爱的人，饱含了与心爱之人"白头偕老、永结同心"的美好愿望。

❖ 偕老同穴工艺品

鮟鱇

最恐怖的"软饭硬吃"

看过《海底总动员》的都知道，鮟鱇相貌丑陋，嘴中的獠牙又尖又长，头顶发出诱惑猎物的光，是一个恐怖的海底杀手。而现实中的鮟鱇，因为软饭硬吃的寄生习性，比电影中描述的更骇人听闻。

鮟鱇俗称结巴鱼、蛤蟆鱼、海蛤蟆、琵琶鱼等，与鳖鱼一样长得非常丑，鮟鱇有很多种类，广泛分布于世界各个海域，我国渤海、南海海域均有。

行动缓慢

鮟鱇属硬骨鱼类，一般体长40~60厘米，大的可达1~1.5米，体重300~800克，体表无鳞，皮肤为粉红色，有一张裂到耳后的大嘴，露着锋利的牙齿。

鮟鱇不仅是钓鱼高手，它还有捕食"天鹅"的本领。据海边的渔民介绍，有一种水鸟喜欢在退潮时在海边吃海藻，而鮟鱇则会在退潮时漂浮于海边，或者趴在滩涂上，常会被水鸟误认为是长满海藻的礁石，而上去啄食，结果被鮟鱇一口吞下，这或许是"蛤蟆鱼"这个名字的来历吧。

鮟鱇的尾部肌肉可作为鲜食或加工制作成鱼松等，其鱼肚、鱼子均是高营养食品，皮可制胶，肝可提取鱼肝油，鱼骨是加工明骨鱼粉的原料。

❖《海底总动员》中的鮟鱇

❖ 鮟鱇

鮟鱇的种类很多，在我国有3种，一种叫黄鮟鱇，另一种叫黑鮟鱇，黄鮟鱇分布于黄渤海及东海北部，黑鮟鱇多见于东海和南海。还有一种新发现的叫隐棘拟鮟鱇。

鮟鱇喜欢静伏于海底或缓慢活动，它们身体的前半部形似圆盘，像一个扁平的"UFO"，贴在海底充满泥土和细砂的表层地面上，圆盘的末端左右各有一条臂鳍，尾部呈柱状，末端生尾鳍。鮟鱇与鳐鱼一样不太会游泳，在水里主要靠两条臂鳍撑地爬行，通过摆动尾鳍来调节前进方向。鮟鱇有时也会借助胸鳍在滩涂上缓慢滑行，不过每移动一步就会"哼哼"，发出酷似老头咳嗽的声音，因此，也有人称其为"老头鱼"。

鮟鱇的胃大而有弹性，某些种类的鮟鱇能吃下比自己大的鱼类。

自带发光鱼竿的猎手

鮟鱇与鳐鱼一样，喜欢栖息在没有光线的海底，因为捕食机会少，在长期的演化过程中，它的部分背鳍也和鳐鱼一样逐渐延伸至头部，像一根钓竿，不过，鮟鱇更胜一筹，它的钓竿的顶端还有一个能发光的"小灯笼"，因此，它也被称为"灯笼鱼"。

鮟鱇在捕食时，只需轻轻摇晃"小灯笼"，引诱猎物，待猎物（小鱼、小虾等）接近后，鮟鱇便会突然跃起，张开巨大的嘴将猎物吞下。

❖ "长头梦想家"

这条被称为"长头梦想家"的鮟鱇是最近才在格陵兰岛附近海域发现的奇怪物种，它看起来好像是来自科幻电影中的外星动物，长相相当恐怖。事实上，这种鱼并不像它看起来的那样恐怖，它其实只有17厘米长。

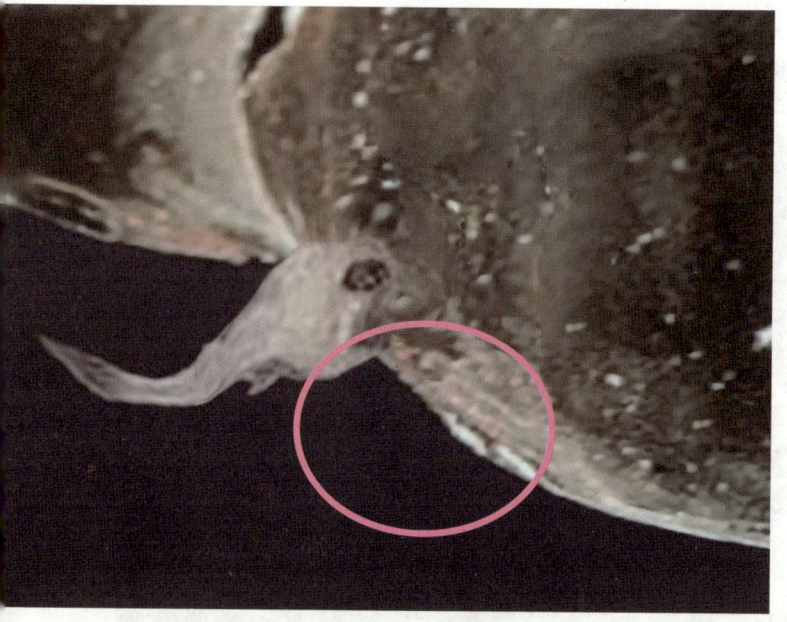

❖ 慢慢融入雌体的雄性鮟鱇

多年来，科学家一直无法理解为何只发现雌性鮟鱇。更为怪异的是，所有雌性鮟鱇的两侧都有怪异的肿块。经过研究，研究人员发现这些肿块是寄生雄性鮟鱇的遗体。

保命绝技

鮟鱇的"小灯笼"不仅可以吸引猎物,还可能吸引来敌人。它们在遇到一些凶猛的猎杀者时,就会迅速把"小灯笼"含入口中,然后趁着黑暗悄悄转移。

除此之外,鮟鱇虽不如躄鱼那样善于伪装和变色,但是其常年潜伏在海底,身体的颜色也几乎接近环境色,尤其是它们的身上有与体表颜色相近的斑点、条纹和凹凹凸凸的颗粒状物体,看上去更像是一块小岩石,能很好地帮助它们躲避猎杀。

"软饭硬吃"的雄性鮟鱇

地球上的生物中雄性比雌性体型小的并不多,而鮟鱇就是其中的一种,雄性鮟鱇很小,体型不及雌性鮟鱇的1/50。

成年的雄性鮟鱇会逐渐失去消化系统,因此,它们必须在失去消化系统前找到雌性鮟鱇。然而,鮟鱇不喜欢群居,雄性鮟鱇很难在海底遇到雌性鮟鱇,但是只要发现雌性鮟鱇,雄性鮟鱇便会扑上去,一口咬住,然后释放出一种酶,使自己慢慢融入雌性鮟鱇的皮肤里,终身靠雌性鮟鱇供给营养,相附至死。

❖ 发光的鮟鱇

雄性鮟鱇的这种寄生方式堪称"软饭硬吃"，不过它们"吃软饭"的代价并不小，因为最终雄性鮟鱇会化作雌性鮟鱇身体上的一个小疙瘩（是雄性鮟鱇的一对睾丸），成为雌性鮟鱇在排卵时自动受精的一个器官。

鮟鱇这种绝无仅有的配偶关系，可谓生物界的奇迹。

紧俏的美味

别看鮟鱇的样子丑陋，它们的味道可是绝对的鲜美，鮟鱇的肉富含维生素A、维生素C，以及钙、磷、铁等多种微量元素，营养价值较高。

早年，我国渔民将鮟鱇视为"无甚经济价值""低贱的下脚鱼"，从来不会主动去捕捞，即便是被顺带捕上来，也会把它们扔到海里或用来做肥料等。如今，鮟鱇摇身一变，身价倍增，竟成了出口日本、法国、西班牙等国的海鲜品中的紧俏货。

鮟鱇在欧洲被视为重要的食材；在日本关东，鮟鱇更被视为人间极品，仅次于拼死要吃的河豚，有所谓"西有河豚、东有鮟鱇"之称。

日本人喜爱吃鮟鱇锅，除了火锅外，日本人还会以鮟鱇鱼肝作为寿司，而鮟鱇鱼肝更有"海底鹅肝"之称，据称有清热解毒的美肤功效，一般食法为蒸或者是刺身。

❖ 头上的"小灯笼"

生物学上把鮟鱇的小灯笼称为拟饵，深海中很多鱼都有趋光性，"小灯笼"就是鮟鱇引诱食物的有力武器。

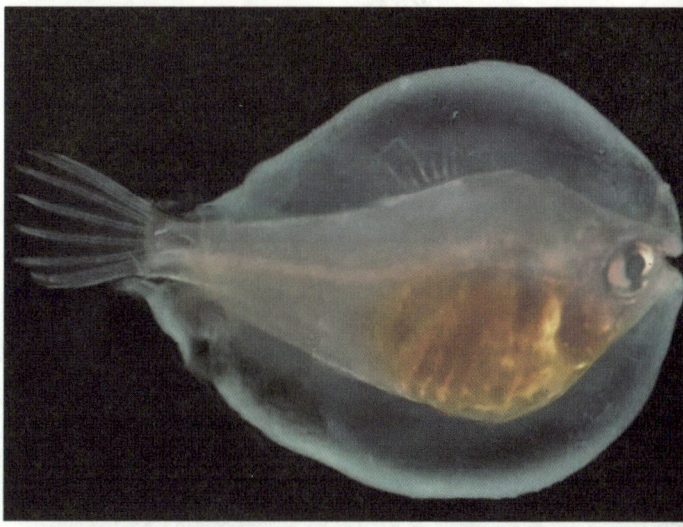

❖ 幼小的雄性鮟鱇

幼小的雄性鮟鱇被一层透明的如气泡一样的膜保护着，漂浮在海面上，长大后，它们才会趴在海底，丑成一坨。

如今，在我国东南沿海的福建等地，鮟鱇也被作为鲜美的食用鱼类。

鮟鱇的肉质紧密，如同龙虾般，结实不松散，纤维弹性十足，鲜美更胜一般鱼肉，胶原蛋白十分丰富，故西方人称之为"穷人的龙虾"。

比目鱼

被深深误解的"爱情鱼"

比目鱼在我国古代便是文人骚客笔下常见的"爱情鱼",《尔雅》中把比目鱼、比翼鸟、比肩兽和比肩民并列为中国四方的最庞大奇异之物,其中只有比目鱼是现实中存在的物种,象征着爱情,实际上它却并非比肩而行的物种。

比目鱼的种类很多,全世界有700余种,我国产120种,主要类别有鲆、鲽、鳎、舌鳎等,是一种经济鱼类。它们广泛分布于各大洋,栖息在浅海的沙质海底,捕食小鱼虾。

被深深误解的"爱情鱼"

比目鱼是两只眼睛长在同一侧的一种鱼,有的双眼长在左侧,也有的双眼长在右侧,我国古人认为这种鱼需要一雌一雄亲密地紧贴在一起,比肩而行。双人并肩谓之"比",故古人给它取了一个很文艺的名字——比目鱼,并留下了许多描写爱情的诗句,如"凤凰双栖鱼比目""得成比目何辞死,愿作鸳鸯不羡仙"等,流传至今仍家喻户晓、脍炙人口。此外,清代还流传着一部名为《比目鱼》的戏曲,描写才子佳人的爱情。

事实上,比目鱼无须比肩而行,它只是一种一侧有两只眼、另一侧无眼的怪鱼而已。比目鱼被古人认为是"爱情鱼",实则是一个美丽的错误。

❖ 比翼鸟

❖ 比目鱼的眼睛

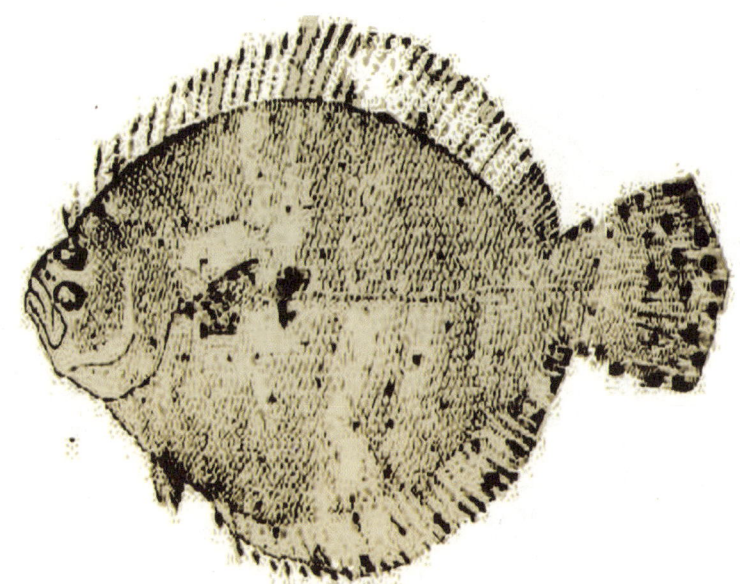

❖ 华鲆
有少数种类的比目鱼会进入淡水生活，在我国，如华鲆、江鲽、窄体舌鳎、褐斑三线舌鳎等可进入江河淡水区生活。

两只眼睛长在同一侧的奇鱼

❖ 大西洋大比目鱼

比目鱼的体侧扁，呈长椭圆形、卵圆形或长舌形，体型大小各异，小型品种仅约10厘米长，而最大的大西洋大比目鱼可长到2米以上，最大体长可达5米，重325千克。

比目鱼在幼鱼阶段，两只眼睛也是对称地长在头部左、右两侧，经过20天的发育后，一侧的眼睛就会慢慢越过头顶向另一只眼睛靠拢，成鱼后两眼会同处于身体朝上的一侧（左侧或右侧），这一侧身体的颜色也会变得与周围的环境色相近，身体朝下的一侧则为白色。

比目鱼的身体表面有极细密的鳞片，按长相大致可以分为鲽、鲆、鳎、舌鳎等品种。

眼在右为鲽

比目鱼最早的记载出现在《尔雅》里，而且还是和比翼鸟一起记载的。《尔雅·释地》："东方有比目鱼焉。不比不行，其名谓之鲽。南方有比翼鸟焉。不比不飞，其名谓之鹣鹣。"

❖ **格陵兰大比目鱼（眼在右侧）**

格陵兰大比目鱼也称为水中猎人，虾、鳕鱼、红鱼都是它的猎物，格陵兰大比目鱼属于底层鱼类，在 200~1600 米，甚至 2200 米深的海中都能找到它的踪迹。

《尔雅·释地》说的鲽即比目鱼的一大类，鲽的种类繁多，两眼均在鱼体右侧，眼大而突出，上眼约位于头部背缘的正中线上，两侧口裂稍不等长，两颌均有尖细牙齿，前鳃盖边缘游离，侧线在胸鳍上方，无弓状弯曲部。

鲽的代表品种有高眼鲽、石鲽、木叶鲽、油鲽、格陵兰大比目鱼和加拿大黄尾鲽等，均为重要的经济鱼类。

眼在左为鲆

眼睛长在左侧的比目鱼是鲆，鲆与鲽一样种类繁多，有眼的一侧皮肤呈暗灰色或有斑纹，口前位，下颌有突出。它与鲽一样均为夜间捕食，但习性比鲽更凶暴贪食，有"海中强盗"之称。它们口中具有尖锐的牙齿，常栖息于浅海的沙质海底或江河底部，虎视眈眈地蹲守猎物，当猎物接近时，会突然跃出捕食。鲆的代表品种有牙鲆、大菱鲆（俗称多宝鱼），都是名贵海产品。

❖ **石鲽（眼在右侧）**

鳎、舌鳎

眼位于头右侧为鳎，眼位于头左侧为舌鳎，鳎和舌鳎的身体呈鞋底状或舌状，

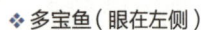

❖ **多宝鱼（眼在左侧）**

❖ **牙鲆（眼在左侧）**

前鳃盖后缘不游离，口小且不对称，上颌和下颌不发达，有些鱼种的吻端下垂。它们的背鳍起始于眼睛的上方，背鳍、臀鳍及尾鳍有些会相连，有些则分离。胸鳍小或无胸鳍，腹鳍也很小，有些鱼并无腹鳍，有时会与臀鳍相连。

鳎和舌鳎同样也有很多品种，鳎的代表品种有角鳎、东方宽箬鳎等，舌鳎的代表品种有我们常说的龙利鱼等。

比目鱼虽然种类繁多，但只需记住"左鲆右鲽、左舌右鳎"这八字口诀，基本上就能认清它们的面貌。大部分比目鱼的肉质细嫩，是海鲜菜肴中的常客，无论是香煎，还是清蒸都堪称美味。然而，美味的比目鱼的庞杂的家族中却有几个品种有剧毒，如石纹豹鳎和眼斑豹鳎，大家在食用的时候一定要小心。

❖ **东方宽箬鳎**

东方宽箬鳎的眼在右，分布于印度-西太平洋区，如红海、波斯湾至东印度群岛，澳大利亚北部半咸水域、海域。

❖ **龙利鱼**

舌鳎的眼在左，是比目鱼中体形较为修长的鱼类，也包含很多品种，其中最具代表性的就是龙利鱼。

龙利鱼的自然资源量少，味鲜美，出肉率高，口感爽滑，鱼肉久煮而不老，无腥味和异味，属于高蛋白，营养丰富，历来都是我国沿海广大消费者待客的上等佳品。

比目鱼富含蛋白质、维生素A、维生素D、钙、磷、钾等营养成分，尤其维生素B_6的含量颇丰，而脂肪含量较少。另外，比目鱼还富含大脑的主要组成成分DHA。

大千世界，无奇不有，世界上还有一种比比目鱼更适合"爱情鱼"这个名字的鱼，它是广西的一种淡水鱼——半边鱼。半边鱼的身体一边有鳞，一边无鳞且扁平光滑，几乎都是雄鱼和雌鱼成对厮守在一起。每当遇到水流湍急等恶劣环境时，雌鱼和雄鱼就会将彼此无鳞的一边紧贴在一起，同心协力地对付激流，因此当地有民谣"爱情要像半边鱼"，来歌颂半边鱼的比肩爱情。可惜半边鱼因肉质鲜美，常遭偷捕，濒临灭绝。

火体虫

由成千个单独个体组成

火体虫是由成千个单独个体组成的巨型半透明的浮游动物,形状类似长长的铃铛,在黑暗的海底闪闪发着光,缓缓移动。

现如今,科学家害怕水中的火体虫数量太多,因为当火体虫死掉的时候,分解的尸体会从海水中吸走大量的氧气,这样会对其他海洋生物造成威胁。但该如何抑制它们的繁衍,目前还不得而知。

火体虫还被称为磷海鞘,属于浮游动物,这意味着它们可以自由游动,火体虫一般发现于开放海洋,也可以生活在海洋深处。

2013年8月,澳大利亚的潜水者在塔斯马尼亚近海拍摄到火体虫的罕见照片。这种深海动物极其罕见,以至于被称为"海洋独角兽"。它最长可达到30米,相当于两辆双层公共汽车首尾相连。

❖ 火体虫

火体虫呈半透明状,大小从几厘米至几十米都有。火体虫是一种球形的聚合体生物,小型的火体虫就像一个装填了许多泡泡的瓶子,大型的火体虫则像一条装满泡泡的巨大管道,那些泡状物就是聚合体的"居民"。

一起发光

火体虫这种聚合体式的群居生活方式,可以提高生存机会,这是生物进化过程中的选择之一。

组成火体虫的每个微小个体都像是"火体虫"公寓里的一名住户,每个微小个体都像水泵一样不断地供给"火体虫"水分和养分,使这个聚合体能够生存,还能一起发出银白色的"生物光",更让人惊奇

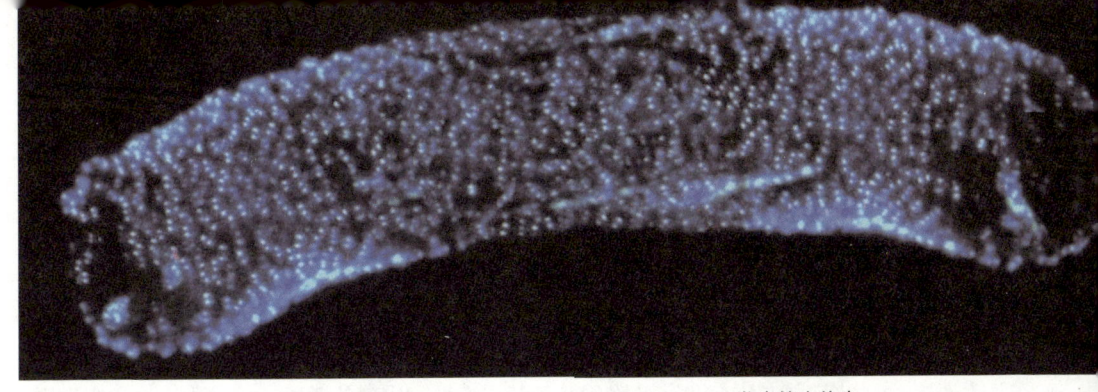

❖ 发光的火体虫

的是，它们还能对其他不同光源做出回应，释放出蓝绿色的明亮光芒。

一起移动

火体虫是滤食性动物，虫体中间是空的，一端是开口，另一端是闭合的，它们会吸收包含浮游生物以及小鱼的海水，在吞食浮游生物和小鱼后，再通过开口排出过滤后的海水。

火体虫需要持续吞噬微生物才能存活，它们必须缓慢且稳定地移动才能获得新鲜、富含微生物的海水，因此，火体虫不仅会随着海洋气流漂移，还会利用海中的温暖水层，借助喷射动力前进（类似章鱼、水母的移动方式），火体虫在移动时，它们体内的每个成员都会很默契地不断吸水再吐出，借此推动火体虫移动，尽管大家在这个过程中一起努力，速度仍旧缓慢。

火体虫的种种行为，至今在科学界都没有一个统一的答案，是谁在如此庞大的聚合体中传达指令，使它们体内的每个成员都能统一行动、一起发光呢？好像有某种神秘的力量在操控它们一样，这让科学家们百思不得其解。

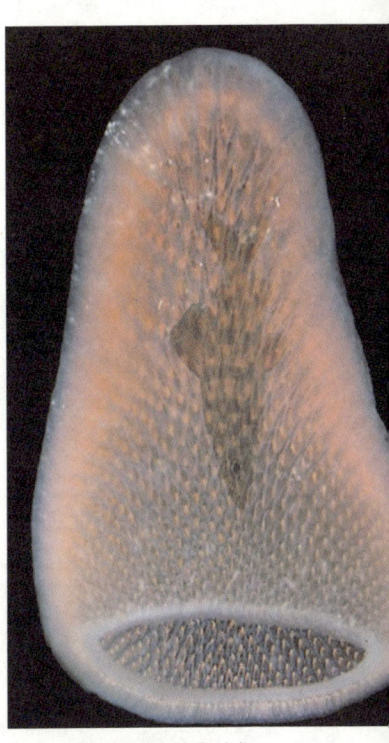

❖ 在火体虫腔体内休息的鱼

❖ 与火体虫同游

73

荧光乌贼

浪 漫 的 荧 光 海 滩 制 造 者

荧光一直是制造浪漫时必不可缺的因素,在日市富山湾海域生活着一群自带荧光的生物——荧光乌贼,它们会在夜晚用蓝色荧光点亮富山湾的海滩,使整个海湾充满神秘、梦幻般的感觉,吸引了世界各地的游客们。

❖ 荧光乌贼

荧光乌贼产下的受精卵会结成黏状的线条,长度可以达到1米。有时上百万的荧光乌贼聚集在一起,可以把整个海湾照亮。

❖ 聚集的荧光乌贼

荧光乌贼俗称萤火鱿、荧光鱿、萤乌贼等,常年生活在西太平洋的幽深水底,能发出"浪漫"的青色冷光。每到春季,荧光乌贼便会来到浅海处繁衍后代,这个时间也是欣赏它们的最佳时机。

全身散发着梦幻般的冷光

荧光乌贼是一种体型只有7厘米左右的迷你型乌贼,它们的触手、外套膜和眼球上都有复杂而细小的发光器,而且荧光乌贼自身可以合成放射性的复合物,在氧气、镁离子和荧光酶的参与下,能在幽暗的环境下发出梦幻般的冷光,尤其是腹部和眼部最明亮。这种光亮不仅能吸引异性,同时还能诱捕猎物。

寿命仅1年

大部分荧光乌贼的寿命仅1年,它们大部分时间生活在深海,夜间会从海底上浮至30~100米深的浅海,利用身上发出

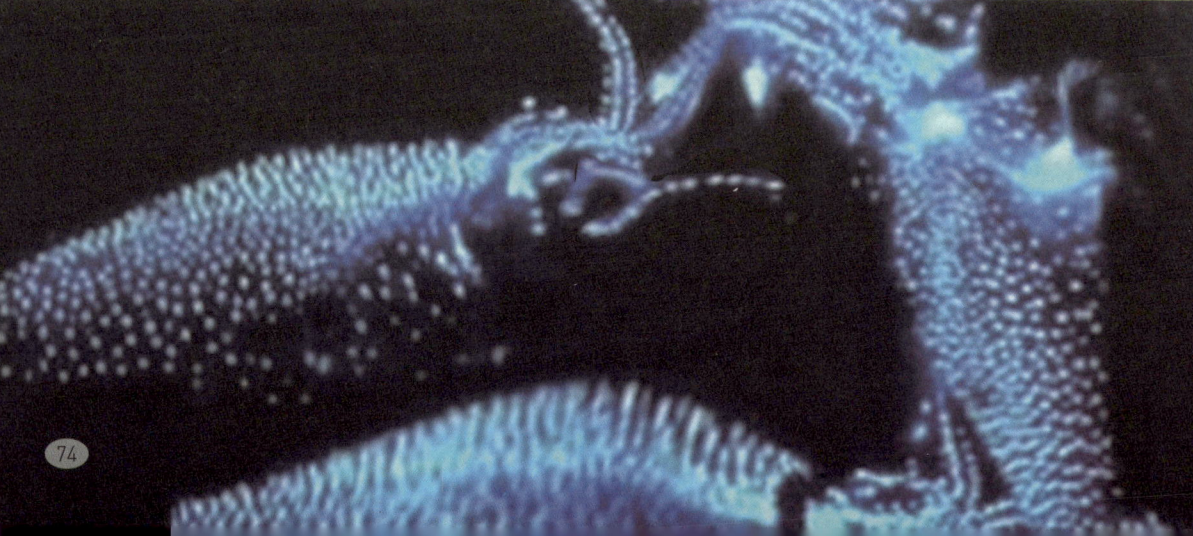

的冷光诱捕猎物；白天则沉入 200~600 米深的幽暗水底，日复一日地垂直洄游。每年的 3—6 月，荧光乌贼离陆地最近，它们会聚集到离海岸很近的浅海处繁衍后代。一般情况下，一只雌性荧光乌贼可以产 1 万颗卵，产卵完毕便会死亡，这是生命的终点，也是新生命的起点。

观看荧光乌贼的最佳之处

观看荧光乌贼的最佳地点是日本的富山县、兵库县、鸟取县等，这些地方是世界上最有名的荧光乌贼的集中地，其中富山湾海域是荧光乌贼最集中的地方，在荧光乌贼的繁殖季，整个海岸线都会被闪闪的蓝光点亮，既漂亮又壮观。

富山湾是一个位于日本本州岛日本海侧的海湾，面积约为 2120 平方千米，是本州岛日本海侧最大的外洋性内湾。富山湾内大部分水域水深达 300 米以上，最深的地方超过 1000 米，是日本三大最深海湾之一，被称为"不可思议之海"。

富山湾以水质纯净且富有营养而闻名，除了是有"富山湾的宝石"之称的鲜甜无比的富山白虾和肉嫩味美的"寒鰤"的栖息地外，还有大量的荧光乌贼常年生活在海底，每年的 3—6 月间，大量的荧光乌贼便会聚集到浅海处产卵。海流经由海底"V"字形的山谷，由下往上涌，将荧光乌贼推到海面之上，每到夜间，海面粼光闪闪，长达 14 千米的富山湾海岸线上到处闪烁着荧光乌贼的蓝色光芒，美得像幻境！因此，富山湾是地球上观看荧光乌贼的最佳之处，富山湾的荧光乌贼成了著名的世界自然遗产之一。

❖ 寒鰤

个头很小的荧光乌贼与有"富山湾的宝石"之称的鲜甜无比的富山白虾和肉嫩味美的"寒鰤"都是富山湾的特产。

富山白虾产量稀少，很珍贵，其外表晶莹剔透，呈淡淡的粉色，非常美丽，有"富山湾的宝石"之美誉，整个日本也只有在富山湾才能大量捕捞到。

❖ 富山白虾

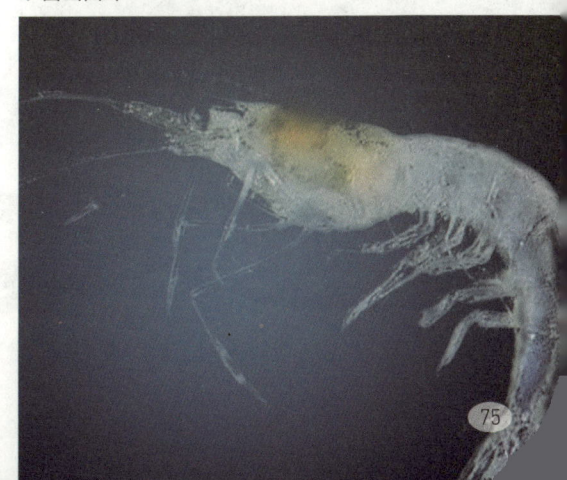

大王乌贼

深海中的恐怖巨兽

12世纪末，挪威人在海上航行时偶尔会遭到海怪的袭击，海怪们会用长长的触手掀翻船只，这便是最早的关于大王乌贼的记录。一位世界著名的大王乌贼研究者曾风趣地说："我们对恐龙的了解，要比对大王乌贼的了解多得多。"这种言论毫不令人奇怪，因为自这种生物正式被科学家们确认以来，几百年过去了，人们对它们的了解依然少得可怜。

大王乌贼又称巨型乌贼、首席乌贼、霸王乌贼，是世界上存活的第二大的无脊椎动物（最大的无脊椎动物是大王酸浆鱿）。

传说中的海怪

北欧神话传说中的海怪克拉肯以鲸为食，它会用巨大的触手攻击过往的船只，或者围着大型船只转圈，以待出现足够大的漩涡将其拖入海底。关于海怪克拉肯最早的记录发生在1180年，海底深处藏着吃人海怪的故事就此展开。随着时间的推移，海怪克拉肯的传说渐渐被夸大了，越传越玄乎。如果这些古老的传说是真实的，那么，最接近克拉肯原型的生物就是大王乌贼。

极为凶猛

大王乌贼在亿万年前就已经出现在地球上了，它并不是乌贼，而是一种鱿鱼。

科学家根据大王乌贼喙的大小与它们身体的大小关系来推测，一般成年大王乌贼可长到6~18米，重50~300千克，最大的可以长到20米长，体重达到2~3吨。

❖ 大王乌贼——16世纪法国雕刻

❖ 大王乌贼

❖ 体长达8米的大王乌贼被冲上澳大利亚的海滩

2007年7月10日，在澳大利亚南部海滩发现了一只体长8米、重达250千克的大王乌贼。

大王乌贼主要生活在太平洋和大西洋离海面200~1000米深的水域，它们有一对适应深海的、直径达25厘米的大眼睛，可以清晰地监视海底的一切。它们的性情极为凶猛，以鱼类和无脊椎动物为食，并能与抹香鲸搏斗。

根据《吉尼斯世界纪录大全》记载，1888年，人们在纽芬兰看到的大王乌贼是有记载以来最大的，它长18.3米（包括触须），重1吨。

首次被发现

1873年，一艘在纽芬兰附近的葡萄牙海湾航行的小船，发现海岸边有一团乌黑的漂浮物，船员们起初以为那是沉船残骸。当小船靠近后，这团乌黑的漂浮物忽然甩出一条长长的触须缠住了小船，并拽着这艘长达6米的小船往海底沉，船员们慌乱中抓起斧子砍断了怪物的触须后才脱险。

这条被船员们砍下来的触须长达5米，船员们将它带给当地的博物学家摩西·哈维牧师辨认，哈维牧师经过仔细研究后，认为这条触须来自乌贼家族中的某一未知成员。

博物学家摩西·哈维牧师在看过被砍下的大王乌贼的触须后说道："我现在是动物世界罕见动物样本的拥有者。这个样本是神秘章鱼（旧时对大王乌贼的称呼）的一条真正的触须。关于它们的存在，博物学家已经争论了几个世纪。现在，我知道在我的手里握有打开这个神秘世界的钥匙，因为这把钥匙，自然史将翻开新的一章。"

❖ 被捕获的大王乌贼

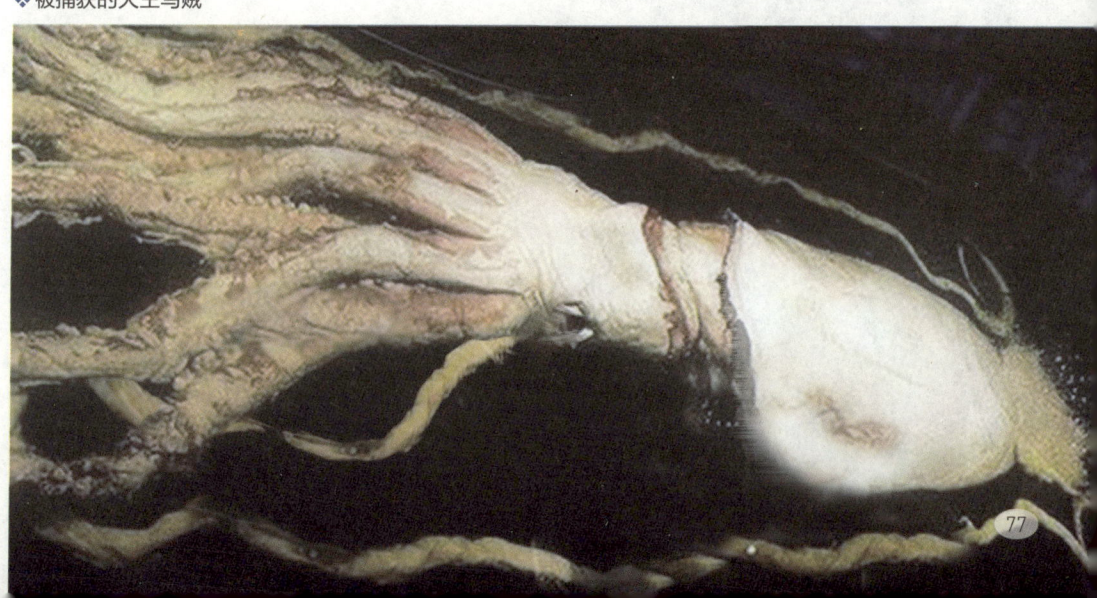

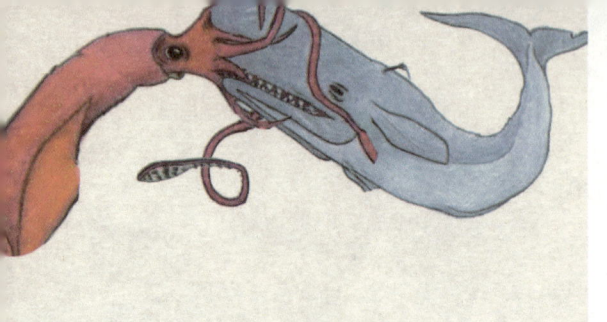

❖ 大王乌贼与抹香鲸搏斗

据我国香港《新报》2014 年 10 月 12 日报道，一艘绿色和平组织的潜艇，在俄罗斯与阿拉斯加之间的白令海底航行时，忽然有一只大王乌贼伸出 10 条触须朝潜艇扑了过来，潜艇指挥官迅速命人打开强光，企图用灯光吓退它，然而受惊的大王乌贼只是稍作犹豫，之后便向潜艇喷出了大量的墨汁，染黑了海底，也挡住了潜艇的强光，然后就消失了。

血蓝蛋白又称血蓝素，是一种多功能蛋白，过去被称为呼吸蛋白，但最新研究表明，该蛋白与能量的贮存、渗透压的维持及蜕皮过程的调节有关。它是在某些软体动物、节肢动物（蜘蛛和甲壳虫）的血淋巴中发现的一种游离的蓝色呼吸色素。

无法适应浅海

人类很少在海洋中见到大王乌贼的主要原因是它们无法适应浅海环境。

大王乌贼体内的血蓝蛋白（运输氧气的化合物）在温暖的海水中会变得效率低下，而海洋表面的水温相对海底要高很多，因此，当大王乌贼浮上海面时，它们的肌肉会慢慢地变得松弛无力。另外，大王乌贼的大眼睛只适应黑暗的深海环境，无法适应海面上的强光，因此，当它们浮出海面时，眼睛会因为大量光线而致盲，变得脆弱不堪。这就是为什么人们不能捕捉到或看到活生生的大王乌贼的原因。一般情况下，当一只大王乌贼出现在海面上时，它很可能已经生病了，正在死亡的边缘或者已经死去。

虽然大王乌贼体型巨大、生性凶猛，但是它们也有天敌，那就是抹香鲸，在抹香鲸面前，不管大王乌贼有多厉害，也难逃被吃的命运。

❖ 抹香鲸吞噬大王乌贼

躄鱼

体色艳丽的伪装大师

躄鱼体色艳丽,生活在热带珊瑚礁及海藻繁茂的海底,它们不太会游泳,但会使用胸鳍和腹鳍行走,会随周围环境而改变身体的颜色,还会使用珊瑚、海葵或海草加强伪装效果。

躄鱼又叫青蛙鱼、跛脚鱼,为暖水性近岸底层小型鱼类,分布于印度洋、大西洋和太平洋的热带及亚热带海域,常见于红海,少见于地中海。海洋中有超过100种躄鱼,但能够分辨出来的只有50种左右,并且数字还有待商榷。躄鱼体色艳丽,以高明的伪装技术而出名。

能行走的鱼

躄鱼是一种不太"称职"的鱼,不太会游泳,这是因为它们的体内没有鱼鳔,无法轻松地控制自己的浮力,而且胸鳍向下生长,很难在游泳时保持平衡。

躄鱼要想移动身体,就得靠胸鳍和腹鳍交替运动,像四足动物那样在海底爬行,它们也可以同时向同一个方向移动胸鳍,

❖ 美丽的躄鱼

❖ 双斑躄鱼

双斑躄鱼的体长约为12厘米,分布于西太平洋,包括中国、菲律宾、印度尼西亚、新几内亚、所罗门群岛、帕劳等海域。

躄鱼头大,体稍侧扁,腹部膨大。躄鱼的体型小,皮肤粗糙,不可食用,多作肥料。

❖ 珊瑚手躄鱼

珊瑚手躄鱼分布于印度洋-太平洋海域，从圣诞岛、帕劳、斐济至夏威夷、社会群岛海域，栖息深度2~21米，栖息在潮池、外海礁坡，有毒。

❖ 躄鱼

中国产5种躄鱼，即三齿躄鱼、毛躄鱼、钱斑躄鱼、驼背躄鱼、黑躄鱼。

将重量转移到腹鳍后向前挪动。但是，无论它们使用哪种方式前进，每次都只能前行很短的距离。

伪装大师

海底擅长伪装的生物非常多，躄鱼却独树一帜，是一个超级伪装大师。

躄鱼拥有艳丽的外表，全身无鳞，它们会改变外表的颜色来伪装自己。躄鱼的伪装不同于变色龙、乌贼或章鱼，它们不能快速改变颜色或纹理，需要花上几个星期才能让自己完全融入周围的环境，甚至达到完全"消失"的效果。这是因为躄鱼不仅会改变自身的颜色，还会利用环境隐藏自己，它们会在改变自身体色之后，再在身上覆盖一些遮挡物，如一团杂草、海绵或珊瑚，以达到和周围的环境完全融为一体的效果，使猎物或天敌都无法发现它们的存在。

凶残的捕猎高手

躄鱼虽然行动迟缓，但不妨碍它们成为凶猛的捕食者。躄鱼是以其他鱼类、甲壳动物为食的肉食性动物，有的地方也把它们称为鱼类中的"食人族"。

躄鱼的大嘴可以吞食比自身重一倍的动物，但是由于躄鱼没有牙齿，如果猎物体积过大，也就只能眼睁睁地看着到嘴的美味逃跑了。

❖ 康氏躄鱼

康氏躄鱼的体长为30~38厘米，鱼体似扁球状，表皮粗糙，具小棘。体色随环境变化，口大，并布满细齿。

❖ 条纹躄鱼

条纹躄鱼是躄鱼的一种,最擅长伪装。它的体色会随环境变化而不断改变。它身上毛茸茸的东西可不是毛发,而是小刺,常在礁石间静止不动,拟态成石块,借机吞食附近的生物。

❖ 迷幻躄鱼

2009年,迷幻躄鱼在印度尼西亚安汶岛的近海被发现。它是一种黄褐色或桃红色的躄鱼,面部的外轮廓可能有一种感官结构,就如同猫胡须一样具有灵敏的感知能力,能够感知到一些海底洞穴内部石壁的状况,便于在珊瑚礁之间狭小的空间进行探索。

"躄"是扑倒的意思,而躄鱼正是用"扑倒"的方式捕食。躄鱼伪装好后,会静候猎物从身边经过,或者晃动头部突出的伪鳍钓鱼,伪鳍就是它们的鱼饵,只要有足够的耐心,就能引诱来毫无防备的猎物,一旦猎物到达捕捉范围内,躄鱼就会像青蛙一样迅速跃起,将猎物扑倒。

躄鱼扑倒猎物后,会第一时间张开能扩大12倍的口腔,仅需6毫秒时间就能将猎物和海水一并吸入巨嘴中,猎物被吞下之后,水从鳃中流出,这个猎食过程非常快,猎物往往一点儿反抗都没有就被吞吃了。

躄鱼是一种既古怪又有趣的生物,如果有幸能够到它们生活的海域潜水,一定要仔细观察寻找,否则很可能与它们失之交臂!

❖ 邮票上的躄鱼

聪明关公蟹

驾驭树叶过江

关公蟹的头胸甲长大于宽，背面有沟痕和隆起，因犹如中国古典戏剧中的关公脸谱卧蚕眉、丹凤眼的样子而得名。然而，关公蟹虽有"关公"的威名，却无关公的战斗力，它们需要靠伪装、共生、逃跑等投机取巧的方式来保命。在关公蟹的大家庭中，聪明关公蟹的保命技术尤为突出。

❖ 关公蟹的背

聪明关公蟹又叫熟练新关公蟹和"负叶蟹"，是一种生活在浅海泥砂质海底的小型蟹类，在关公蟹家族中，聪明关公蟹并不是最有名的，但它们却是最聪明的。

一辈子都在研究保命技巧

关公蟹俗称鬼脸蟹、武士蟹等，其种类很多，最常见的有6类，即背足关公蟹、颗粒关公蟹、日本关公蟹、伪装关公蟹、端正关公蟹和聪明关公蟹。

《三国志》记载，关公是威震三军的猛将，"身高九尺，使一把八十二斤重的青龙偃月刀"，而关公蟹的体型却非常小，甲壳宽只有3厘米左右，蟹体显得特别单薄，两只大钳子曲于胸前，毫无战斗力，因此，它们一辈子都在研究保命技巧，学会了逃命之术、隐遁之术、转嫁之术，甚至还会以自弃步足的方式保命。

关公蟹逃跑的妙招层出不穷

❖ 关公脸谱

关公蟹的后两对步足（也称背足）呈剪刀状，短小且尖锐，关公蟹可以用它们背着各种能隐藏自己的装备，如日本关公蟹和端正关公蟹会背着贝壳、石块，甚至是人类废弃的瓶盖之类的物品等。每当遇到险情，它们便会用身上背的装备将自己隐藏起来，如果敌人继续攻击，它们便会扔掉所有

❖ 关公蟹背部的简笔画
从关公蟹背部的简笔画中可以更清楚地看到关公脸谱形象。

❖ 煮熟的关公蟹
煮熟的关公蟹，红红的壳更像红脸的关公。

的装备，靠前面两对十分健壮的步足逃之夭夭。伪装关公蟹的保命技巧更绝妙，它们将海葵或海胆等背在身上，一旦遇到敌情，它们便会将海葵或海胆挡在身前，成功地将战斗转嫁给海葵或海胆，然后自己在一旁观战，如果海葵或海胆不敌，它们便会乘机逃跑。

如果关公蟹不幸被敌人抓住，它们便会假装挥舞大钳子，摆出要拼命的样子，然后趁对手不注意，自弃步足，一瘸一拐地以丢"足"保命的方式逃跑。

关公蟹避敌的妙招层出不穷，它们从来不正面和敌人作战，而是想方设法地提高逃跑的技巧和保命方法。

驾驭树叶过江，全靠浪

聪明关公蟹和其他关公蟹一样，它们不仅熟练地掌握了各种逃命技巧和保命方法，还有一种独特的技能，那就是擅长背着红树

❖ 手持青龙偃月刀的关羽

❖ 关公蟹的身体构成

关公蟹的足的基节与座节之间具有特殊的割裂点,因而附肢或胸足从此点脱落后不致流血。它们的再生能力很强,失去的附肢或胸足不久便会慢慢地生长出来。

的落叶到处去"浪",因此得名"负叶蟹"。这正是聪明关公蟹的聪明之处,它们选择背着红树的落叶作为自己避敌的装备,只需躲在树叶下,敌人看不见就能保命。

此外,聪明关公蟹还借助落叶在水中冲浪,这是其他任何蟹类都不具备的技能。聪明关公蟹使用后两对步足,将落叶卷成小船的形状,然后悠闲地躺在落叶上,在大海中荡漾,完全无须担忧水中的捕食者,因为它们不会对水面上的树叶有任何兴趣。

1987 年,著名蟹类学者对聪明关公蟹的行为进行研究后,写下了这样的文字:"捕食者抬头一看,只看到一片漂浮的树叶,这在沿海水域并不罕见,因此它们继续寻找食物……却没有意识到晚餐正坐在树叶上!"

小小的聪明关公蟹利用树叶隐藏自己,并在水面上悠闲地漂流,它们被称为"聪明"关公蟹,的确实至名归。它们不会像其他螃蟹那样"横行霸道",不敢也不愿意去与对手战斗,只能靠智慧在海洋世界中过着逍遥的生活。

❖ 驾驭树叶的聪明关公蟹

翻车鱼

形 状 最 奇 特 的 硬 骨 鱼

翻车鱼是世界上体型最大、形状最奇特的硬骨鱼之一，看上去好像没有身体和尾巴，只是在一个大脑袋上面长着极不相配的小嘴和小眼。它们的性情非常温和，行动缓慢，而且还是鱼类中有名的"专业医生"。

翻车鱼又称翻车鲀，身体又圆又扁，像个大碟子，体形偏短而两侧肥厚，体侧呈灰褐色、腹侧则呈银灰色，看上去就好像被人用刀切去了一半一样。它们分布于全世界各热带及温带暖水海域。

笨拙的游泳技能

翻车鱼的身体像鲳鱼那样扁平，天气好的时候，翻车鱼常像是侧睡在海面上一样，一面向上翻躺在水面，随着波浪漂荡。因此，渔民以"翻车"来形容翻车鱼。

翻车鱼利用扁平的身体悠闲地躺在海面上，借助吞入空气来减轻自己的比重，若遇到猎食者时，就会潜入海洋深处，用扁平的身体劈开一条水路逃之夭夭。但是，翻车鱼靠背鳍及臀鳍的摆动来前进，所以游泳技术不佳且速度缓慢，而且嘴很小，一旦被猎食者盯上，基本上没有可能逃脱。因此，翻车鱼如果来不及逃跑，即便是被猎食者咬住了，也不会去反抗，任由它撕咬，本着对方吃饱了就会自行离开的心态。除此之外，翻车鱼还很容易被渔民的网捕获。

最多名字的鱼

翻车鱼是它最普及、最广的叫法，除此之外，它还有很多名字，在不同的国家和不同的海域也有不同的叫法。

❖ 翻车鱼

❖ **第一次有记录的发现翻车鱼**
这是1910年捕获的一条翻车鱼,估计重量为1600千克。当时的人们并未发现过这么大的硬骨鱼,所以都争相与之合影。

翻车鱼喜欢侧身躺在海面之上,身体周围常常附着许多发光动物,在夜间发出微微光芒,于是法国人、西班牙人叫它为"月光鱼、月亮鱼"。

翻车鱼上浮侧翻,有在海上进行日光浴、晒太阳的习性,因此英国和美国有些地区的人叫它为"太阳鱼"。

❖ **躺着晒太阳的翻车鱼**

翻车鱼的尾巴短小,却有圆圆扁扁的庞大身躯以及大大的眼和嘟起的嘴,它可爱的模样像一个卡通大头,于是德国人称它为"游泳的头"。

翻车鱼在海中游泳时,好像在跳曼波舞一样有趣,于是日本人称它为"曼波鱼"。

翻车鱼的形状怪异、体型庞大,看上去好像有头无身的鱼,故在我国沿海以及南海诸岛称其为"头鱼"。

翻车鱼的称呼还有很多,如芬兰人将它称为"孤独的头",瑞典、丹麦和挪威则用"块状鱼"来称呼它。

所有热带和温带的翻车鱼都爱吃小鱼、海马、甲壳动物、海蜇、胶质浮游生物和海藻,但它们最喜欢吃的食物是海月水母。

❖ 拉氏翻车鱼　　❖ 普通翻车鱼

❖ 翻车鱼幼鱼

❖ 斑点长翻车鱼

❖ 矛尾翻车鱼

翻车鱼最常见的种类有4种，分别是普通翻车鱼、斑点长翻车鱼、拉氏翻车鱼、矛尾翻车鱼。

经济价值较高

  翻车鱼的体长可达3～5.5米，重达1400～3500千克，它的经济价值较高。翻车鱼的肉质鲜美，色白，营养价值高，蛋白质含量比著名的鲳鱼和带鱼都高。

  翻车鱼骨多肉少，剥皮后鱼肉约为体重的1/10，但都是精华。在我国台湾地区有一道名菜"妙龙汤"，就是以翻车鱼的肠子为原料，食之既脆又香。除此之外，用翻车鱼的皮熬制的明胶或鱼油可作为精密仪器、机械的润滑剂，翻车鱼的鱼肝是炼制鱼肝油和食用氢化油等的原料。

海洋中的专业医生

  翻车鱼为大型大洋性鱼类，常常单独或成对游泳，有时十余条成群，它们摄食海藻、软体动物、水母、甲壳类及小鱼等。

  翻车鱼的游泳速度非常慢，常因受到猎食者攻击而遍体鳞伤。因此，它们身体厚厚的皮上布满了各种寄生虫。有研究证明，翻车鱼的身体上有40多种不同的寄生虫，甚至有些寄生虫身体上也有寄生现象。

翻车鱼的身体上时常会分泌一种奇特的物质来改善皮肤的不适，这些分泌物质又改善了四周的水底环境，因为这种分泌物质可以帮助治疗鱼类的伤病，所以，翻车鱼待过的水域常会有其他鱼类来此治疗疾病。因此，说翻车鱼是"鱼中大夫"一点儿不为过。

宇宙大爆炸式的生长力

一条雌性翻车鱼一次可产2500万至3亿枚卵，它们因此被称为海洋中最会生产的鱼类之一。刚孵化的翻车鱼幼鱼的体长仅2毫米，至成年时（成年以3米来计算），它的身长足足翻了1500倍；初生的翻车鱼幼鱼体重仅0.04克，长至成年时（若按成鱼2000千克来计算），它的体重足足翻了5000万倍。

放眼整个生物界，这样的生长力几乎没有其他动物能与之匹敌，翻车鱼的这种能力被专家称为泰坦基因。

然而，即便翻车鱼有惊人的繁殖能力和宇宙大爆式的生长力，但是由于一些自然因素，每条雌性翻车鱼每次产的卵最多只有30条幼鱼能安全地成长，加上人类对翻车鱼进行有意或无意的捕捞，使翻车鱼的数量急剧下降，目前翻车鱼在《世界自然保护联盟濒危物种红色名录》中被列为"易危"等级。

❖ **翻车鱼骨骼标本**
从这个翻车鱼的骨骼标本中可以看出翻车鱼的骨骼非常丰富。

翻车鱼拥有令人难以置信的厚皮，它的皮由厚达15厘米的稠密骨股纤维构成。19世纪时，渔民的孩子们会把厚厚的翻车鱼皮用线绳绕成有弹性的球玩。

翻车鱼的分泌物质为何能治疗鱼类的伤病，目前无法解释，但这是被海洋学者和科学家认可的事实。

独特的长相

皇带鱼

深 海 白 龙 王

皇带鱼是海洋中最长的硬骨鱼,有白龙王、摇桨鱼、地震鱼等称号,由于体型巨大、生性凶狠,常被人们误认为是海蛇、海怪等。

> 皇带鱼分布广泛,除了极地海域以外,世界各地的其他海域均有分布。

> 皇带鱼体态修长,自带仙气,被尊称为海中的"白龙王",日本人更是认为这种鱼是"来自龙宫的信使"。

> 我国台湾地区的媒体报道,2016年4月20日,花莲县新城乡康乐村海边捕获一条皇带鱼。另外,在我国台湾花莲地震后,台东太麻里渔民捕获了两条4米多长的皇带鱼。

皇带鱼俗称白龙王、摇桨鱼、地震鱼、大带鱼、龙王鱼等。它们主要栖息在太平洋和大西洋的温暖海域,通常生活在200~1000米的海洋深处。

皇带鱼不是带鱼

皇带鱼是世界上最长的硬骨鱼类,体形侧扁而长,呈带状,普遍体长约为4米以上,也有体长15米左右的特例,它们的体重超过150千克,因此又常被称为大带鱼。

事实上,皇带鱼并非带鱼,它很少出现于浅海。目前,科学界对它的生长周期、繁殖产卵等信息都不清楚。

❖ 皇带鱼

❖ 带鱼

❖ 皇带鱼

摇桨鱼、地震鱼

皇带鱼的全身为银灰色并有蓝黑色斑纹，身体上方有一个从头至尾的鬃状红色背鳍；头部形状像马头一样，头部的鳍呈冠状；没有臀鳍，长长的腹鳍形状很像船桨，因此也被称作"摇桨鱼"。另外，皇带鱼地处深海，很容易感受到地震，它们常会在地震爆发前逃离地震带而游至浅水避难，渔民们认为只要有皇带鱼出现，就预示着周围会有大地震发生，因此，皇带鱼也被称为"地震鱼"。

墨西哥的科尔蒂斯海滩浅水区曾经发现过两条长达 15.2 米的皇带鱼，当时吓坏了在附近的游客。据悉，这两条皇带鱼是目前为止发现的世界上最长的硬骨鱼。

❖ 搁浅的皇带鱼

> **带鱼与皇带鱼的区别**
>
> 带鱼与皇带鱼最明显的区别就是背部的鳍不一样，而且头部的鳍也不同，带鱼的头部几乎没有鳍，而皇带鱼头部的鳍很长、很炫酷。
>
> 皇带鱼又称布伦希尔蒂，其有很多民间称呼，如龙宫使者、白龙王、龙王鱼、大带鱼、大鲱鱼王、摇桨鱼、胖鱼、买牛、蛮、猪精、百牛、地震鱼等。

❖ 皇带鱼模型

深海白龙王

皇带鱼属于肉食性鱼类,是海底世界的凶猛捕食者,它们会攻击所发现的一切海洋动物,包括中小型鱼类、乌贼、磷虾、螃蟹等。通常,皇带鱼被认为是横扫一切的怪兽,被称为深海白龙王,当食物匮乏时,它们甚至会同类相食。

皇带鱼在捕食时头朝上,像一条带子一样漂浮于海底,等猎物从嘴边游过时,就会像弹簧般迅速弹起并将猎物吸入嘴中,然后用坚硬的上颌和下颌撕碎猎物。

❖ 尼斯湖水怪

神秘的海底巨怪

早在1500多年前,英国就开始流传尼斯湖中有巨大的怪兽,目击者的描述各不相同。有人说它长着大象的长鼻,浑身柔软光滑;有人说它是长颈圆头;有人说它出现时泡沫层层,四处飞溅;有人说它口吐烟雾,使湖面有时雾气腾腾……不过据有关科学家研究发现,这个巨大的怪兽极有可能是皇带鱼的一种。

常被误认为是"海蛇"

皇带鱼很少见于水面,有人偶尔见到常误认为是"海蛇"。因此,欧洲各地长久以来一直流传着有关"大海蛇"的恐怖传说,许多古代和中世纪的航海著作中都描述过船只与大海蛇遭遇的情况。公元前4世纪古希腊先哲亚里士多德在其著作《动物史》中写道:"在利比亚,海蛇都很巨大。沿岸航行的水手说在航海途中也曾经遇到过海蛇袭击。"根据海洋生物学家的研究,亚里士多德在《动物史》中描写的海蛇就是皇带鱼。

皇带鱼难以被捕捉和观测到,几千年来都充满了神秘感,并且被水手越传越神奇。虽然如今人们逐渐认识了皇带鱼,但是它们身处深海,还有很多方面没有被人们完全认知,期待有一天,科学家们能揭开皇带鱼身上的全部秘密。

据共同社报道,2014年3月7日,日本山口县长门市仙崎地区的白泻海滩,发现一条长4.38米的深海皇带鱼搁浅。

❖ 日本白泻海滩搁浅的皇带鱼

桶眼鱼

头部完全透明的鱼

桶眼鱼是一种身体构造奇特的生物，常年生活在黯淡无光的深海里，它们的身体进化出奇特的构造，尤其是头部已变得完全透明，可以通过透明的皮肤看到头部里面各种器官结构，甚至可以看到活动的大脑，而它们最独特的地方是眼睛已经进化成桶状。

桶眼鱼因眼睛形状像桶而得名，主要生活在太平洋、大西洋和印度洋 400~2500 米深的海域。1939 年，桶眼鱼被首次发现，它们的活动区域只能是深海，若游到浅水海域，身体就会受到损害，因此极难被人发现。

鼻孔常被误认为是眼睛

几乎每个第一次看到桶眼鱼的人都会将它的鼻孔误认为是眼睛，事实上，桶眼鱼的眼睛是一种呈桶状的绿色组织，完全藏于透明的头内，这种独特的眼睛可以在头内自由转动，不仅能向前看，还能透过透明的脑袋向上看。此外，这种桶

❖ 桶眼鱼

状的眼睛有利于收集深海生物所发出的微弱光线。碧绿色的眼睛还可以过滤掉海洋上层射到深海的光线，帮助桶眼鱼更清晰地发现猎物。

不劳而获

桶眼鱼身处漆黑的海洋深处，那是阳光无法照到、食物非常稀少的地方，在这种环境下生存的各种海洋生物都有自己独特的捕食技能，而桶眼鱼的捕食技能就是"不劳而获"。

桶眼鱼常会跟随在管水母下方，时刻用碧绿色的眼睛紧盯着管水母的动静，每当管水母捕捉到猎物后，桶眼鱼就会快速出击，上去咬住管水母捕捉到的猎物，然后迅速离开，享受完美食之后继续回到管水母下方，等待再次"不劳而获"的时机。

虽然早在1939年桶眼鱼就被发现，但是其形象一直未被世人知晓，也没有足够的资料能够研究它。直到2009年，蒙特雷湾水族馆研究所的研究人员使用远程控制摄像机潜入深海拍摄到桶眼鱼，其怪异的形象才被大家认知。

❖ 跟随在管水母下方的桶眼鱼

无脸鳕鳗

这个家伙有点丑

海洋生物的长相往往会颠覆人类的想象,真的"只有想不到,没有丑不到"。2017年6月,科学家在澳大利亚东海岸发现了一种新的深海鱼类,这种鱼外形奇怪,无眼无鼻,面部结构模糊,被称为"无脸鱼"。

❖ 无脸鳕鳗
无脸鱼体长约40厘米,看上去好像没有面部。然而,无脸鳕鳗是长有眼睛的,它隐藏在皮肤之下。

在动画电影《千与千寻》中有一个神秘的鬼怪,他就是全身黑色、头戴着白色面具的无脸男。这个无脸男的角色是由动画大师宫崎骏创造出来的。在现实中,大海深处有一种同无脸男一样的"无脸鱼",让人觉得神秘莫测。

2017年6月,科学家在澳大利亚东海岸进行海洋考察时第一次发现了"无脸鱼",最初认定为新物种,经过研究后发现它是鳕鳗的一种,因此,科学家将这种鱼称为"无脸鳕鳗"。

❖ 《千与千寻》中的无脸男
无脸男又叫"无颜"或"无脸鬼",他表面上看起来很可怕,其实心地非常善良。他与现代社会的人们一样,渴望交到朋友。因为受到千寻的帮助而对千寻有了很深的感情。

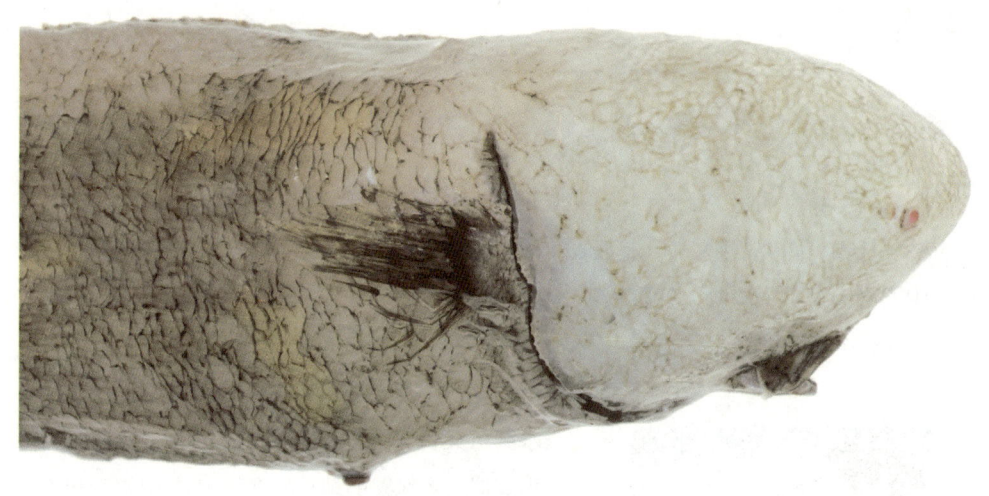

无脸鳕鳗的头部光滑，眼睛已经完全消失，只有两个巨大的鼻孔，头部下面是一张相对较小的嘴，里面充满了密集分布的牙齿，能够吞食多种甲壳动物。

其实，早在19世纪70年代，英国皇家海军"挑战者"号上的船员就曾在珊瑚海抓到过这种丑陋的无脸鱼，并且有当时的图片资料为证，只不过当时人们并没有重视这种长相怪异的新物种。

无脸鳕鳗是地球上一个古老的物种，常年生活在没有光线、极度寒冷、仅有少量食物的深海之中。因为深海中没有光线，它们的眼睛变得毫无作用，从而逐渐退化并隐藏在皮肤下。此外，强大的海水压力也导致无脸鳕鳗的体型和外貌变得异常怪异。

无脸鳕鳗轻易不会潜出海面，所以很少被人看见，人们在澳大利亚东海岸发现它时，曾认为它是仅存于这里的新物种。事实上，无脸鳕鳗广泛分布在阿拉伯海至夏威夷海域，其他海域也少有发现。

❖ **无脸鱼**

这种鱼没有明显的眼睛或鼻子，嘴巴长在身躯下方。据悉，1951年，科学家在加里曼丹岛东部的深海搜寻活动中发现5种无脸鳕鳗。

2017年6月发现的无脸鳕鳗生活在澳大利亚东海域4000米深处，它生活在一个相对贫瘠的海底环境中，水温大约为1℃。

❖ 常见的鳕鳗

水滴鱼

全世界表情最忧伤的鱼

水滴鱼的英文名是"blobfish","blob"的意思是一滴、一抹、难以名状的一团。由于水滴鱼长着一副哭丧脸,所以被称为全世界表情最忧伤的鱼,它仿佛是来自《绿野仙踪》中的西方女巫师一样,外表带着一种"邪恶"感,让人觉得这种生物并不属于地球生物大家庭中的一员。

❖ 水滴鱼主题咖啡店

❖ 水滴鱼

水滴鱼又名忧伤鱼或软隐棘杜父鱼、波波鱼,它的长相好似一个烤熟的地瓜掉在地上,被踩了一脚后捡起来,再被揉搓成一团的样子。

正遭受灭绝威胁

水滴鱼的体长为30.5厘米左右,生活在澳大利亚,如塔斯马尼亚沿岸600~1200米深的海底,由于人类很难到达这个深度,所以很少被发现,但是水滴鱼却正在遭受灭绝威胁。

首先,水滴鱼没有鱼鳔,浑身由密度比水略小的凝胶状物质构成,这能帮助它轻松地从海底浮起,但是也因为它的全身几乎没有肌肉,所以行动缓慢,很容易被捕捞。虽然水滴鱼的肉质不适于食用,但由于

它行动缓慢，很容易被顺带着和其他鱼虾一起捕捞上来，成了牺牲品。

"没有最丑，只有更丑"

为了保护濒危的丑陋动物，2013年，英国丑陋动物保护协会发起了"没有最丑，只有更丑"的世界最丑动物网上"选丑"投票。当年9月13日，英国媒体公布结果，超过3000人参加了投票评选，水滴鱼以795票夺得"最丑"冠军。如今，水滴鱼已成为英国丑陋动物保护协会的官方吉祥物，其"丑陋"的形象成了全世界的流行元素，被印在T恤和各种工艺品上，甚至被做成毛绒玩具，丑得十分可爱。

❖ 水滴鱼丑萌的样子

美国国家海洋和大气管理局将水滴鱼形容为"大而肮脏的蝌蚪，只是一堆苍白、果冻状的肉，皮肤松弛，鼻子巨大，眼睛呆滞"。

水滴鱼的孵化方式与众不同，雌性水滴鱼把卵产到较浅的海底后，便趴在鱼卵上一动不动，直到幼鱼孵出为止。

每当享用美餐时，水滴鱼根本不需要消耗任何能量，由于密度小，它很轻松地就能从海底浮起，然后张开嘴巴，食物就会进入它的口中，真是懒人的进食方式。

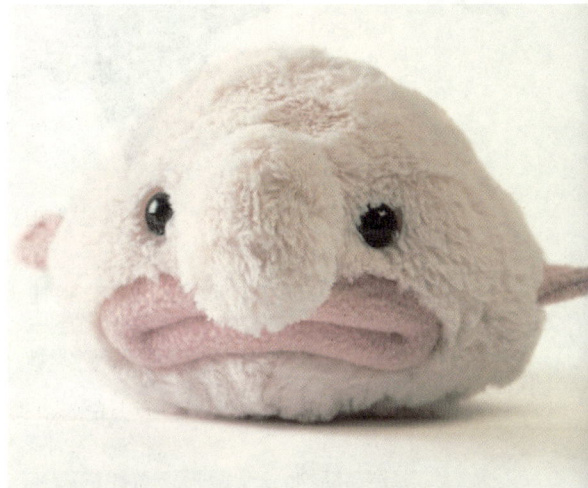

❖ 水滴鱼玩偶形象

澳大利亚和新西兰的深海捕鱼船队是世界上最活跃的船队之一，由于大肆进行深海捕捞作业，水滴鱼正在遭受灭绝的威胁。

❖ 专门为水滴鱼出的书

水滴鱼被评为"最丑陋动物"之后，大家对它的关注也相对多了起来。英国丑陋动物协会甚至为水滴鱼出了一本书，书名就叫作《丑陋动物：我们也不能都是熊猫吧！》。

开口鲨

外形怪异的"活化石"

开口鲨并不是我们印象中典型的鲨鱼的模样,它长得与鳗鱼极像,经常被误认为是鳗鱼,曾一度被认为已灭绝了,可事实证明它还存在着。

❖ 开口鲨的6条鳃裂

开口鲨的学名为皱鳃鲨,它是鲨鱼中最原始的一种,有"活化石"之称,几乎遍及全世界的海域,主要分布于大西洋和太平洋水深500~1000米的海底。

海洋活化石

开口鲨与出现在4亿年前的鲨鱼的祖先——枝齿鲨很像,它在地球上的存在时间没有明确的答案,一说存在了3.8亿年,一说存在了9500万年,虽然一直存在争议,但很多证据都能证明它很早就已经出现在地球上了。若非19世纪末期,有两条开口鲨被冲上日本海岸附近的沙滩,这种奇特的鲨鱼已经被认为灭绝了。

2015年1月22日,一位澳大利亚渔民在拖网捕鱼时,从澳大利亚沿岸700多米的深海中捕到一条"怪鱼"。经鉴定为开口鲨,这是人类首次捉到活的开口鲨。

除了怪异的体形外,开口鲨的另一著名特征是怀孕期长达42个月(脊椎动物中最长的孕期)。

❖ 开口鲨

❖ 开口鲨的满口牙齿

开口鲨外形

开口鲨因外形与鳗鱼相似,故又名"拟鳗鲛",它是地球上最原始的鲨鱼种类之一。唯一能够看出它是鲨鱼的地方就是它拥有典型的鲨鱼标志——身体两侧有鳃裂。开口鲨的鳃裂有 6 条,间隔延长而且褶皱相互覆盖,所以又被称为皱鳃鲨。鳃裂可以保证它们畅通地在氧气稀少的深海呼吸。

开口鲨的体长为 1.5 米左右,最长的雌性开口鲨达 1.96 米,雄性开口鲨达 1.66 米。它拥有 300 多颗、超过 25 排的锐利牙齿。由于这样的外形和满嘴的牙齿,因此它常被认为是凶恶的怪兽。

开口鲨主要以其他鲨鱼、鱿鱼和硬骨鱼为食,同时也吃从海水上层沉下来的腐肉。

开口鲨的妊娠期长且繁殖率低,因此,种群数量十分稀少。由于其本身具有重要的生态价值,如今已被列入《中国物种红色名录》和《世界自然保护联盟濒危物种红色名录》。

❖ 枝齿鲨螺旋齿轮般的牙齿
枝齿鲨是鲨鱼的祖先,由于环境的变化,它已经灭绝了。

2017 年,有人在葡萄牙阿尔加维海岸意外捕获了一条开口鲨。
❖ 展示中的开口鲨

剑吻鲨

头顶独角的深海精灵

剑吻鲨头顶"独角",外形丑陋,生活习惯也非常独特,像是从童话世界中走出的深海精灵,人类对它知之甚少。

❖ 剑吻鲨

剑吻鲨是一种底栖性大型鲨鱼,大部分栖息于大陆斜坡270~960米深的海域,但也曾被发现生活在1300米深处。

剑吻鲨很难捕获,即便是捕获也常会在渔网中挣扎,出水后往往都是死的,而死剑吻鲨的皮肤颜色是灰色的,所以在捕获到活剑吻鲨之前,大家一直认为它是灰色的,而事实上,它却是一种粉红色的鲨鱼。这并不是因为它的皮肤有红色素,而是因为它的皮肤是透明的,身体表面的毛细血管中的血液显现出来了。剑吻鲨粉色的肤色在水下会呈不可见的黑色,这样在捕食时,猎物就不会那么轻易发现它。

❖ 张开大嘴的剑吻鲨

剑吻鲨又叫精灵鲨、加布林鲨、欧氏尖吻鲛,它的外形丑陋,头顶长了一个粉红色的长鼻子,鼻子下裂开的嘴里长满锋利的牙齿,更为它的丑陋外形"锦上添花"。它主要出没于日本、印度洋和南非周围的海域。

❖ 剑吻鲨造型的工艺品

诡秘的深海精灵

剑吻鲨的外表无鳞,几乎能在深海中隐形,它们如同行踪诡秘的深海精灵,隐藏在深海中延续生命达 1.25 亿年之久。

最早有关剑吻鲨的记录是在 1898 年,人们在日本横滨抓到一条完整的剑吻鲨,但人们对于它的习性等信息了解得非常有限,甚至连它们可以活多久、长多大都毫无所知。

慢吞吞地捕猎

剑吻鲨虽然也是鲨鱼,但是它不像其他鲨鱼那样健壮,它的外皮松软,腹内没有鱼鳔,只能通过肝脏里的脂肪来调节浮力,所以行动缓慢。剑吻鲨常年耐心地潜伏在深海暗处,靠长鼻子里丰富的电感受器感受周围的一切。一旦有硬骨鱼、乌贼和甲壳动物等靠近,它就会突然张开嘴巴,用力地将猎物吸到嘴里,再使用锋利的牙齿咬住猎物,然后慢慢享用。

> 雄性剑吻鲨的成体长 264~384 厘米,雌性成体长 335~372 厘米。最大体长可达 385 厘米,体延长而呈圆柱形。

> 剑吻鲨的数量其实要比人们想象的多得多,样本少的原因可能是这种鲨鱼一般生活在数百米深海处,不容易被捕捉到。随着捕捞技术的提高,如今世界各个海域均时常有剑吻鲨被捕获,其中 1995 年 5 月—1996 年 10 月,在东京海底峡谷 100~300 米深处,用底刺网捕捞到多达 125 条剑吻鲨。2003 年 4 月,在我国台湾地区附近海域捕捞了 100 多条剑吻鲨。这是有记载的剑吻鲨被捕捉最多的两个时间段。

吸血鬼乌贼

深　海　幽　灵

100多年前,有一艘德国科考船在4000米深的水下发现了一种长得有点像乌贼和章鱼的奇怪生物,它黑色的身体上长着通红的大眼睛,看上去像是传说中的吸血鬼,因此得名吸血鬼乌贼。事实上,它不仅不可怕,而且很弱小,但是它有一套完美的保命技巧。

> 吸血鬼乌贼被认为是海洋中的垃圾处理机。它们以水中的海洋碎屑为食,其中包括死去的甲壳动物的眼睛、腿及幼虫的粪便。

吸血鬼乌贼这个名字的字面意思为"来自地狱的吸血鬼乌贼",又名幽灵蛸、吸血鬼鱿鱼、吸血鬼章鱼等,它是一种存活了几千万年的远古生物,生活在热带和温带海底近千米以下的地方,那里普遍缺氧,一般生物根本无法生存,但却是它的天堂。

既不是乌贼也不是章鱼

吸血鬼乌贼的体长为15厘米左右,身体呈胶冻状,像一只水母,眼睛非常大,整体外形像乌贼和章鱼,但它并不是乌贼或章鱼。因为乌贼有10条触腕,而吸血鬼乌贼却只有8条,这与章鱼非常一致,但是,章鱼的身体上没有肉鳍,吸血鬼乌贼却长着两个大鳍。科学家推测,吸血鬼乌贼是乌贼和章鱼在分化成两种不同物种前的共同祖先。

> 吸血鬼乌贼的两只血红色的大眼睛在某些光线下甚至会呈蓝色。按照与身体的比例计算,它的眼睛是动物界中最大的。
> ❖ 吸血鬼乌贼

❖ 水母

❖ 吸血鬼乌贼

吸血鬼乌贼更像水母。

开"灯"迷惑敌人

　　吸血鬼乌贼和乌贼、章鱼不同，遇到猎食者时不能靠墨囊逃跑，它是一种发光的生物，身体上覆盖着发光器，能随心所欲地通过点亮或熄灭发光器逃跑。

　　吸血鬼乌贼能依靠发光器捕捉到更多的食物，在无需捕食的时候，它们一般会熄灭身上的光点，在漆黑的深海随着海流漂荡，当危险突然降临时，它们会急速打开光点，或者急速闪烁光点，用以迷惑和威慑猎食者，然后再迅速"灭灯"逃跑。

❖ 蛇颈龙化石

古代的吸血鬼乌贼生活在浅海，为了躲避当时海中的霸王蛇颈龙的攻击而慢慢潜入深海，从蛇颈龙化石的大小来推断，它比如今的吸血鬼乌贼要大上3倍，几乎有1米长。

❖ 危急时吸血鬼乌贼的触手会形成保护网

❖ 吸血鬼乌贼的一对大肉鳍

带刺的保护网

吸血鬼乌贼不仅能靠发光器迷惑猎食者,还可以使用带刺的触手保护自己。

吸血鬼乌贼长长的"手臂"上面长满钉刺,触手之间既可以互相配合着捕捉猎物,也可以在遇到猎食者时,将布满钉刺的手臂全部覆盖在身体上,形成一个带钉子的保护网,使猎食者无从下口,然后趁对方不注意,突然转身逃跑。

势头不对就逃跑

吸血鬼乌贼身上的一对大肉鳍就像翅膀一样,可以帮助它在水中游泳,而且它游泳的速度相对它的身体来说非常快,起步加速度在5秒内,即能达到每秒两个身长的速度。

假如在海底遇到猎食者,吸血鬼乌贼会根据具体情况使用"亮灯"迷惑敌人、用带刺的触手抵御敌人的进攻,然后急速扇动"翅膀"逃跑,在海底借助各种礁岩连续做几个急转弯后,便可以安然无恙。

吸血鬼乌贼这个名字听起来和电影中的吸血鬼一样可怕,但事实上它们很弱小,几乎只能靠捡拾海洋中的碎屑作为食物。然而,面对遍布深海中的猎食者,它们总能在危险时成功逃过被猎杀的命运。

杀人蟹

并不杀人的杀人蟹

杀人蟹常被人们误认为是杀人恶魔,实际上,它根本不杀人,也不会吃人,反而因肉质鲜美而成为人们喜欢的美味。

杀人蟹的学名为甘氏巨螯蟹,是世界上已知现存体型最大的甲壳动物,主要生活在日本岩手县至我国台湾岛东北角以外的太平洋500~1000米深的海域。

形似长脚蜘蛛

杀人蟹是世界上最古老的动物之一,已经在地球上存在了大约1亿年,因形似长脚蜘蛛而得名日本蜘蛛蟹、高脚蟹。

杀人蟹的身体呈梭形,两端尖,成年蟹的壳体宽30厘米左右,当它们伸开蟹爪时,跨度足有3米多,最大的可达4米。它们的10条蟹爪既长又锐利,特别是那对螯似的钳子强劲有力。它们在水中活动时异常灵活敏捷,主要以腐肉、藻类、盲鳗、其他螃蟹及各种鱼类为食,有时为了改善伙食还会猎捕鲨鱼。

❖ 杀人蟹

早在17世纪,杀人蟹的名声就已经传到欧洲了。当时,德国博物学家恩格尔伯特·坎普弗尔首次记录了日本的这种特殊螃蟹。为了纪念他,1836年,康拉德·雅各·特明克用坎普弗尔的名字命名了甘氏巨螯蟹。

❖ 被拍卖的巨型杀人蟹标本

2020年10月27日,在英国西萨塞克斯郡,一只罕见的巨型日本蜘蛛蟹的标本(估价8000~12 000英镑)在Summers Place拍卖行被拍卖。

❖ 杀人蟹标本

美国自然历史博物馆 1920 年收藏的杀人蟹标本。

❖ 巨大的杀人蟹

首领站得最高

　　杀人蟹生性凶狠，喜欢群居生活，并有严格的等级制度，它们靠螯钩的力量决定在群体中的地位，往往地位越高的杀人蟹，在群体中所处的地势越高，如水底岩石的最高处只能是首领的王座，其他蟹如果不长眼，敢站得比首领高，其结局就是挨揍后被首领踩在脚下。

　　杀人蟹平均可活百岁，一生要蜕壳 13 次，每一次蜕壳后都会变得比之前大很多，也更强壮。但每次蜕壳后，很长时间内都会变得极度虚弱，即便是首领，刚蜕壳时也只能忍受别的蟹站得比自己高，只能等到体力恢复后再伺机夺回王座。

杀人蟹并不杀人

　　杀人蟹不具备游泳或浮水的能力，只能在海底爬行，因此根本没有机会杀人，它们的主要食物是鱼类。它们靠灵敏的感震器官寻找猎物，一旦发现身边有猎物出现，就会冲过去，凭借天生的大长腿，快速抓住猎物。除此之外，杀人蟹还有食海洋生物腐尸的习性，所以在英文中俗称它为"Dead Man Crab"，即食尸蟹。随着杀人蟹被世界各地的人们认

❖ 圈养小母蟹

识，其夸张的体型和大长脚，演绎了很多耸人听闻的谣传，因此，"Dead Man Crab"这一俗称在国内翻译的过程中，逐渐演变成了"杀人蟹"。

事实上，杀人蟹不仅不杀人，而且还时常被渔民擒获。近年来，由于过度捕捞，杀人蟹的数量已急剧下降。

关于杀人蟹"吃人"的传言相当多，甚至有数据显示，1990—2014年，仅日本横滨沿海一带就有34名渔民和26名游客葬身杀人蟹的腹中。

目前，世界上最大的杀人蟹的腿展开后长度为4.2米，体长38厘米，总重量为20千克，寿命为100年。

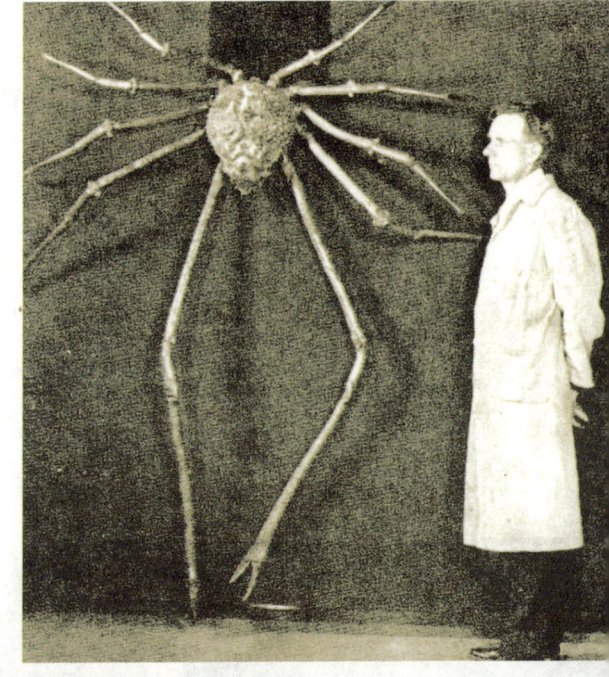

❖ 老照片：杀人蟹

109

银鲛

用电感受海洋变化

银鲛的数量曾极为庞大,它们广泛分布于全球各个海域,经历生物大灭绝后依旧顽强地活了下来,被誉为"最为古老而神秘的鱼类"。

❖ 银鲛

> 我国的银鲛产量极少,它主要产于南非和南美洲,年产量在300~4500吨。

银鲛俗称鬼鲨、带鱼鲨,是一种中小型的海产鱼类,主要分布于西太平洋海域。我国产于南海、东海、黄海等海域。

靠电感器官判断周边的海洋生物

银鲛大部分时间都生活在水深约2500米、接近海底的海域,有时会停在海床上休息,通过脸上的眼状电感器官来探测周边海洋生物电场的变化,分析是捕猎者还是食物。如果是捕猎者,它们会支棱起背鳍前端连接毒腺的刺,用以防御敌人;如果是小型底栖动物,银鲛就会悄悄地摸上去,一口将猎物吞下。

银鲛没有鲨鱼一样锋利的牙齿,取而代之的是3块坚硬的齿板。

> 据媒体报道,2013年,美国国家海洋和大气管理局和印度尼西亚联合在苏拉威西岛深海进行了一项海洋勘测活动后,发布了拍摄到的深海"罕见且令人兴奋"的银鲛照片。

❖ 深海银鲛的照片

❖ 鲨鱼的牙齿

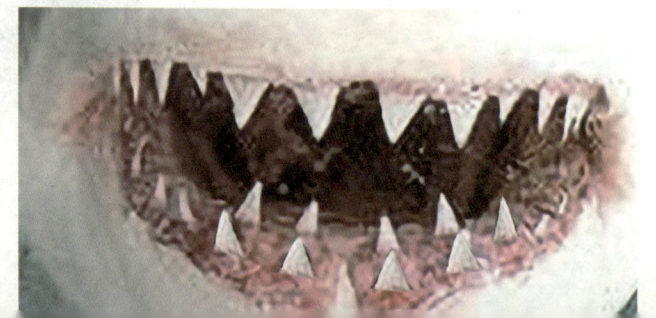

被戏称为鲶鱼

银鲛全身灰色，光滑无鳞，身体修长，呈纺锤形，背部略呈深灰色，腹部为银白色，尾细小而尖。头部有明显的迂回弯曲沟状侧线管。它的吻部柔软（吻短而圆锥形，或延长尖突，或延长平扁似叶钩状），身上没有硬骨头，由软骨组成。

银鲛虽然和鲨鱼一样是软骨鱼类，却没有鲨鱼那样的锋利牙齿，取而代之的是3块坚硬的齿板，因为这奇怪的牙齿，银鲛在英语里被戏称为鲶鱼或兔子鱼。

带有硬骨鱼特征的软骨鱼

银鲛虽然是软骨鱼类，但它带有硬骨鱼类的特征，如鳃孔左右一对，有鳃盖，肛门与生殖口分开等。银鲛是人类研究生物进化不可或缺的重要鱼类，因此有"深海活化石"的美誉。

银鲛肉味道鲜美，可食用，有些地区作为食物出售，其肝可以制作鱼肝油，有药用价值，也可制成枪械及精密仪表的润滑油。

❖ 银鲛

❖ 用来感应电磁场的眼状器官

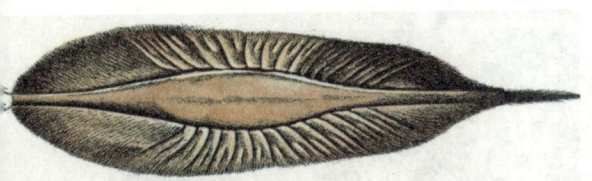
❖ 银鲛卵
在繁殖季节，银鲛会前往浅海区域进行繁殖、产卵，极易被捕捉。在新西兰，它们被大规模捕捞，被做成肉片或者鱼粉。

❖ 黑线银鲛
黑线银鲛在我国沿海很常见。

石头鱼

世界上最毒的鱼之一

石头鱼貌不惊人,喜欢躲在海底或岩礁中,将自己伪装成一块不起眼的石头。如果有人不留意踩着了它,它就会毫不客气地立刻反击,背鳍棘会射出致命剧毒。石头鱼是自然界中毒性很强的一种鱼,它的"致命一刺"被描述为给予人类最疼的刺痛。

❖ 石头鱼

石头鱼还有肿瘤毒鲉、老虎鱼、拗猪头、合笑、沙姜鯸仔等众多名字。

食用石头鱼前,需小心将它们背鳍上含有毒液的毒刺去除,千万别让它刺进皮肤。

❖ 在海底伪装的石头鱼

石头鱼光滑无鳞,嘴形弯若新月,鱼脊灰石色,隐约露出石头般的斑纹,圆鼓鼓的鱼腹白里泛红,主要分布于菲律宾、印度、日本和澳大利亚海域,我国盛产于台湾、江南一带。因其像玫瑰花一样长有刺,且有毒,又被称作"玫瑰毒鲉"。

石头鱼的生存技能

石头鱼形状恐怖,体貌丑陋,眼睛特别小,深凹在头顶,身体长度为30厘米,重0.5~1千克,大者可达10千克。它能像变色龙一样,随着环境的改变而改变体色,将自己伪装成一块身上携带土黄色或者橘黄色纹理的石头,躲在海底石堆、沙土或岩礁中,很难发现它们。

石头鱼平时很少活动,也很少主动攻击猎物,总是在隐藏地点,耐心等候猎物靠近,然后用它的背鳍棘(背鳍棘基部有毒腺),直接刺伤猎物,使之中毒,导致猎物瞬间瘫痪,甚至死亡。

❖ 石头鱼豆腐汤

石头鱼没有其他骨刺，肉厚且多肉，常见的食用方法是煮汤和清蒸。

石头鱼浓汤味极鲜美，但是需要煮几小时。如果时间不允许，可以选择清蒸，鱼肉清蒸后，颜色很白、很鲜、很滑。

世界上最毒的鱼之一

石头鱼是世界上最毒的鱼之一，毒性绝不逊色于海蛇，其背鳍中有12~14根像针一样锐利的背鳍棘，鳍下生有毒腺，每条毒腺直通毒囊，囊内藏有剧毒毒液，当被背鳍棘刺中，毒囊受挤压，便会射出毒液，沿毒腺及鳍射入猎物或者入侵者体内，毒液会导致猎物瘫痪，甚至死亡。

石头鱼的背鳍棘不会主动攻击对手，仅仅是在捕猎或者防御强敌时使用。如果有人不幸被背鳍棘刺中，必须及时去往附近的医院救治。

石头鱼与海蛇，谁的毒性更强？曾有渔民出海捕鱼时，发现海蛇咬住了石头鱼，而石头鱼也咬住了海蛇，经过一段时间的纠缠之后，双方都被对方毒死了。

药用效果极佳的美食佳肴

石头鱼虽然丑陋、有剧毒，但其肉质鲜嫩，骨刺少，营养价值很高，春、夏两季最肥，入冬后鱼味更鲜。据记载，公元1880年，晚清重臣李鸿章还曾派专员采办石头鱼，作为宴请各国驻华使节及外交官员的席上珍品。

此外，石头鱼还具有众多药用功效，如清炖石头鱼，具有营养滋补、生津、润肺、强肾和养颜的药用功效。明代李时珍撰写的《本草纲目》中就记录了石头鱼能够治疗筋骨痛，有温中补虚的功效。

石头鱼的鱼鳔晒干后，可以加工成鱼肚，用来氽汤，入口爽滑，为席上珍肴，可与上等的鱼翅、燕窝媲美。

❖ 伪装成石头的石头鱼

神奇的寄生、共生

枪虾

海 底 快 枪 手

海洋中不仅有伪装高手、施毒高手,还有玩枪的高手——枪虾,每当它遇到对手或者猎物时,便会举起大螯钳,瞄准对方,用力合上螯,像扣了扳机一样发出枪响,并成功喷射出水柱,用冲击波杀死猎物或者吓跑敌人。

枪虾也叫鼓虾,全世界共有 600 多种,它们的颜色呈泥绿色,拥有一大一小两只螯,体长仅约 5 厘米,那只大螯就有 2.5 厘米长。枪虾原本生活在地中海的温暖水域,现如今在全世界热带海域均有它们的足迹。

随身携带着武器

枪虾有一只超大的钳子,这只钳子几乎有身体的一半大,在遇到危险的时候,它只要把钳子迅速合上,便会从钳子中喷射出一道水流,像子弹一样,时速高达 100 千米,甚至可以使周围冰冷的海水瞬间加热,将猎物瞬间击晕甚至杀死。枪虾这致命一击产生的声音高达 210 分贝,与真实的枪声相比(平均约为 150 分贝),显然枪虾更厉害些。

❖ 生活在海中的枪虾

❖ 枪虾与虾虎鱼

❖ 枪虾

枪虾"开枪"时发出的声音很大，如果一群枪虾同时闭合它们的巨螯，发出的声音大到足以让潜艇躲过声呐探测器的追踪。

断螯之后会再生

枪虾这只有力的大螯虽然很有杀伤力，但是与许多甲壳动物一样，在遇到攻击的时候也会脱落。不过当枪虾失去大螯后，它的小螯就会很快长成具有强大杀伤力的大螯。那只断臂会再生出小螯，换句话说，相当于把武器换到了另一只手上。

枪虾的这种断肢再生能力有时候也会出现小故障。例如，如果失去了小螯，就可能会错误地长出大螯，从而拥有两只大螯。拥有"双枪"的枪虾战斗力大大飙升，似乎很霸气，但是却也因此生活不能自理了，因为枪虾需要靠小螯来帮助进食。大螯好比打猎用的枪，而小螯则是吃肉用的刀叉，没有了小螯，它们只能等死，或者尽快"玩"坏其中一把"枪"，期待重新长出小螯。

❖ 枪虾玩具

❖ 长有两只大螯的枪虾

有组织的射击队

枪虾虽然拥有威力十足的武器,但是视力却很差,所以它们常聚集几百只居住在同一片沙地或者同一个海绵海域,形成一个完美的社会化组织结构,由体型较大的"虾王"和"虾后"统治,虾王和虾后是唯一一对有资格繁殖的枪虾。

若有入侵者出现在它们的居住地周围,枪虾会有节奏地发出呼救的声音,召集同伴前来,不一会儿,周围的枪虾都会聚集过来,一齐向来犯者射击。

联盟共生,威力无穷

因为枪虾的视力不好,它们在聚集地一旦感觉到威胁就会胡乱"开枪"。因此,常会误伤到同伴,导致自相残杀的场面出现。

不过,很多枪虾会和虾虎鱼组成联盟。虾虎鱼主动充当枪虾的眼睛,为枪虾把风,而枪虾则为虾虎鱼挖洞穴和战斗。

通常,虾虎鱼会趴在洞穴的入口处,枪虾在洞穴中清理通道。当枪虾出来倾倒沙石时,它总把一根触须搭在虾虎鱼的身上,由虾虎鱼带路。当遇到其他的鱼来袭时,只要虾虎鱼一动身,枪虾就会对着感受到威胁的方向"开枪",并迅速逃回洞中。

日本作家东野圭吾在其代表作《白夜行》中,将雪穗比喻为枪虾,亮司就是她的虾虎鱼。"枪虾会挖洞,住在洞里。可有个家伙却要去住在它的洞里,那就是虾虎鱼。不过虾虎鱼也不白住,它会在洞口巡视,要是有外敌靠近,就摆动尾鳍通知洞里的枪虾。它们合作无间,互利共生。"

❖ 枪虾与虾虎鱼的同居生活

缩头鱼虱

恐 怖 的 寄 生 方 式

缩头鱼虱虽然没有科幻电影《异形》中的外星生物抱脸虫那么恐怖,但是它的寄生行为也着实能让人惊掉下巴。缩头鱼虱进入鱼口后,就会用它的腿死死地抱住鱼的舌头并慢慢吃掉,然后用自己的身体替代鱼舌。

缩头鱼虱俗称食舌虫或食舌虱,国外有部分科学家称其为贝蒂寄生虫,而那些科幻迷则称它为外星寄生虫。它是一种寄生的甲壳动物,主要分布在墨西哥、加利福尼亚湾和英国等海域。

❖ 寄生鱼口的缩头鱼虱

❖《异形》中的抱脸虫
在科幻恐怖系列电影《异形》中,外星生物抱脸虫发现人类后,会突然跃起,用8条腿箍住人类的面部,然后通过血液将卵注入人体。
抱脸虫又称抱面虫,并不真实存在,在《异形1》《异形2》《异形3》《异形4》《异形大战铁血战士》《异形大战铁血战士2》《普罗米修斯》《异形:契约》等电影中先后出现。

缩头鱼虱　　鱼下颌骨

❖ 缩头鱼虱

缩头鱼虱与大王具足虫长得很像。

虽然缩头鱼虱对人类并无危害，对寄主也没有太大伤害，但它会影响寄主鱼类的正常生长，并会降低寄主鱼类的寿命。

　　缩头鱼虱的体长为30~40毫米，主要寄生在鱼类的口腔内，大多数种类寄生于咸水鱼，少数会寄生于淡水鱼。它们在幼虫时就会趁鱼类进食或呼吸时进入鱼类的口腔内，然后抱住鱼舌，吸食鱼的血液，直到鱼的舌头萎缩变小，然后将自己的尾部与已经萎缩的舌根连接起来代替鱼舌工作，由寄生转为共生。

　　缩头鱼虱成为"鱼舌"后，会减少吸食鱼的血液，而增加吸食鱼的黏液和捕捉浮游微生物。缩头鱼虱寄生在鱼口，不会对鱼的身体造成其他伤害，甚至那些被寄生的鱼类能像以往使用舌头那样使用缩头鱼虱。因此，缩头鱼虱的寄生行为被认为是唯一已知能完全取代寄主器官的寄生方式。

隐鱼

寄 生 在 海 参 肚 子 内 的 鱼

喜剧电影《王牌贱谍：格林姆斯比》中有一个情节，两兄弟为了逃脱敌人的追杀，从大象的肛门爬进了大象的肚子里躲了起来，如此搞笑、滑稽的重口味场景，在隐鱼身上时常上演，而且情节更加曲折离奇。

❖ 隐鱼（荷姆氏隐鱼）

隐鱼也被称为潜鱼，是一种寄生性鱼类，广泛分布在印度洋、大西洋与太平洋热带海域的珊瑚礁与岩礁附近，我国澎湖海域也有分布。

天生胆小

隐鱼有多个品种，是一种很小的海洋鱼类，成体在 20 厘米上下，全身光滑无鳞，头略大，上颌骨末端裸露或隐于皮下，牙齿形状多变，通常为绒毛状或颗粒状，有时具犬齿。隐鱼身体纤细，且越往后形状越尖细，类似鳗鱼，以小型桡足类生物为食。

隐鱼约有 15 种，我国南海有细扁潜鱼、细尾潜鱼、大牙潜鱼及长臂潜鱼等。

据美国《连线》杂志报道，科学家的最新研究显示，生活在海底的隐鱼能够钻入海参的肛门内，并吞食海参的内脏和生殖腺。

隐鱼在海参肚内的行为分吃海参与不吃海参两种。这两种行为的界限并不明晰，具体情况需要根据实际情境来看。

❖ 电影《王牌贱谍：格林姆斯比》中躲进大象肚子里的场景

❖ 虫纹细隐鱼

❖ 博拉隐鱼

❖ 被珍珠母覆盖的隐鱼尸体

除了海参外，隐鱼也寄生在海星及大型双枚贝的体内，曾有人在牡蛎壳中发现完全被珍珠母覆盖的隐鱼尸体。

隐鱼天生胆小，而且体型小，战斗力低下，总是成为捕猎者的猎杀目标。为了活命，它们"绞尽脑汁"，在发现海参具有"变色"和"再生"的能力，而且在海底环境中天敌很少后，隐鱼"想"出了一个绝招——躲到海参的肚子里。

钻入海参的肚子

要想钻进海参的肚子里可不是一件容易的事，隐鱼需要在海底寻找到体型足够大的海参，然后再嗅闻气味找到海参的肛门，之后便长时间在肛门处活动，使海参习惯无恶意的隐鱼存在，这样才能使海参不紧张，因为海参的呼吸器官在肛门里，靠扩张和收缩来呼吸，因此，隐鱼会在海参放松警惕后，仗着身子修长的优势，顺着海参一呼一吸的过程，钻入海参的肛门，躲进海参的肚子里。

舒适的"移动住宅"

隐鱼躲在海参的肚子里就如同躲在"避险洞"里，只有觅食的时候才会出来活动，如果不想出来觅食，靠着吃海参的内脏和生殖腺也能生存，因为海参有超强的再生能力，被吃掉的内脏总会再长出来。

对隐鱼来说，海参的肚子就是一座安全、舒适的"移动住宅"，因此，它不仅会邀请"朋友"进"屋"参观、炫耀，还会带着配偶在屋里交配，雌鱼会待到产卵后才会离开海参的肚子。

隐鱼以寄生海参为主，只有少数种类不愿意通过肛门进入海参体内寄生，它们在海底顽强地生存着，靠珊瑚礁以及海底礁岩躲避天敌。

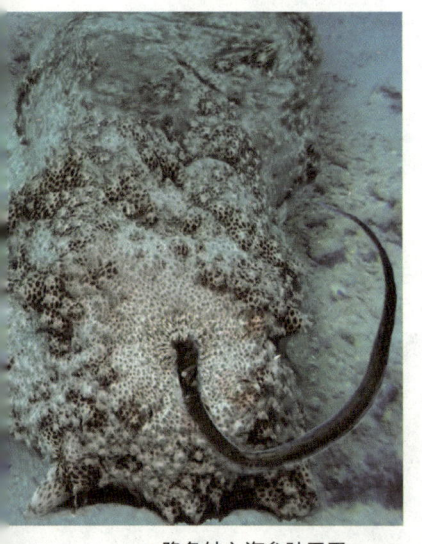

❖ 隐鱼钻入海参肚子里

隐鱼可以直接头朝前钻入海参的肛门内，也可以尾巴朝着海参的肛门，再慢慢"倒车入库"。

向导鱼

被鲨鱼罩着的小弟

鲨鱼是海洋中的冷血杀手,它敢猎杀海洋中几乎所有带血的生物。然而,向导鱼却能轻松地在鲨鱼身边活动,甚至自由进出鲨鱼的口腔,不仅不用担心鲨鱼会伤害自己,在遇到危险的时候,鲨鱼还会像保护朋友一样第一时间保护向导鱼。

❖ 1877年《不列颠群岛鱼类图谱》中的向导鱼

向导鱼又称导航鱼、引水鱼、舟鲕、领航鱼等,主要栖息于热带和暖温带外海,有与大型鲨鱼、魟鱼、海龟等海洋生物共生的习性。

向导鱼幼鱼常会在水母附近游动,靠水母的触须躲避捕猎者。

无人敢惹的"狠"人

向导鱼的体长仅30厘米左右,体表为银色,青背白肚,身体两侧有5~7道黑色条纹,常聚成小群跟随在鲨鱼左右。

鲨鱼的性情凶猛,能一口就吞下成群的小鱼,是不折不扣的海中猎杀者。但是,鲨鱼不仅不会伤害跟随它的向导鱼,而且在向导鱼遇到其他捕猎者的时候,鲨鱼还会张开嘴,让向导鱼躲进嘴里。

❖ 躲在鲨鱼口中的向导鱼

向导鱼就是这么牛气,它们不仅有鲨鱼这样的"大哥"罩着,还有鲸、虹鱼、海龟等"兄弟",因此,别看向导鱼的个头不大,在海底也是个无人敢惹的"狠人"。

❖ 与海龟同游的向导鱼

鲨鱼最亲密的伙伴

向导鱼为了能获得鲨鱼以及其他"兄弟"的保护,它们的付出也很多,需要经常替"大哥"以及"兄弟"打扫皮肤卫生(就是吃掉它们身上的寄生虫等),或者游入它们的口腔中,替它们把牙齿上的残羹清理干净。此外,鲨鱼的视力不好,向导鱼还会为鲨鱼寻找鱼群,然后带领鲨鱼去捕猎,鲨鱼则会与向导鱼分享撕碎的鱼。向导鱼也因为给鲨鱼寻找鱼群的行为而得名,成了鲨鱼最亲密的伙伴,在海底无鱼敢惹。

❖ 与鲸同游的向导鱼